Matlab 数据分析

主编　康海刚　段班祥
参编　桂改花　邓　洁

机 械 工 业 出 版 社

本教材首先介绍了数据分析的基本概念和方法，然后通过大量实例介绍了如何使用 Matlab 实现数据分析，并深入浅出地介绍了数据建模过程中的有关方法。本教材共分 8 章，主要内容包括：数据的基本概念及其应用、Matlab 基础、随机模拟、数据预处理、数据探索与分析、多元线性回归模型、聚类分析和分类。

本教材可作为职业院校计算机相关专业的教学用书，也可供相关技术人员参考。

图书在版编目（CIP）数据

Matlab 数据分析/康海刚，段班祥主编. —北京：机械工业出版社，2020.3（2024.1 重印）
ISBN 978-7-111-64560-3

Ⅰ.①M…　Ⅱ.①康…②段…　Ⅲ.①数据处理–Matlab 软件
Ⅳ.①TP274

中国版本图书馆 CIP 数据核字（2020）第 013048 号

机械工业出版社（北京市百万庄大街 22 号　邮政编码 100037）
策划编辑：侯宪国　责任编辑：侯宪国
责任校对：张　征　封面设计：张　静
责任印制：常天培
固安县铭成印刷有限公司印刷
2024 年 1 月第 1 版第 4 次印刷
184mm×260mm·15.75 印张·385 千字
标准书号：ISBN 978-7-111-64560-3
定价：49.80 元

电话服务　　　　　　　　网络服务
客服电话：010-88361066　机 工 官 网：www.cmpbook.com
　　　　　010-88379833　机 工 官 博：weibo.com/cmp1952
　　　　　010-68326294　金 书 网：www.golden-book.com
封底无防伪标均为盗版　机工教育服务网：www.cmpedu.com

Preface

前　言

随着我国近些年来网络信息技术与云计算技术的快速发展，网络数据也在飞速增长，每天都在产生庞大的数据量，这标志着我国已经进入了大数据时代。在此背景下，需要对数据的隐藏价值进行充分挖掘和数据分析。因此，数据分析方法越来越受到人们的重视，数据分析相关人才的缺口也越来越大。为了满足学校教学和企业对数据分析人才的需求，我们编写了本教材。

本教材以应用为导向，旨在进行原始数据的分析，并未纠结于方法论。确切地说，本教材的重点在于分析方法的运用。本教材通过实例展示了数据分析的算法、过程和 Matlab 代码，在这些例子中，展示了使用函数的方法和技巧。通过本教材，学生可以由浅入深、循序渐进地学习数据分析方法，为以后工作中数据的处理与分析打下坚实的基础。

本教材具有以下特点。

1）由浅入深，循序渐进。本教材在简要概述了数据分析的基本概念之后，首先讲解了 Matlab 的操作技巧，然后结合案例讲解了使用 Matlab 进行数据分析的方法和技巧。知识点环环相扣、逐层深入，比较符合初学者的认知规律。

2）案例丰富，轻松易学。本教材在介绍数据分析方法时结合了大量的实际案例，能够让读者快速理解并掌握各个知识点，简单易学、轻松上手。

3）内容全面，讲解详细。本教材定位在数据分析的入门与进阶，从数据分析理论到数据处理、从可视化分析到建模分析，知识点覆盖全面。

本教材由康海刚、段班祥担任主编，桂改花和邓洁参加编写。康海刚制定了本书的大纲并编写第 4 章和第 6 章，段班祥编写第 1 章、第 7 章和第 8 章，桂改花编写第 2 章和第 3 章，邓洁编写第 5 章。

由于编者水平有限，书中难免存在疏漏和不足之处，敬请广大读者批评指正。

编　者

Contents

目　　录

第 3 章　随机模拟

第 4 章　数据预处理

第 5 章　数据探索与分析

参 考 文 献

数据的基本概念及其应用

　　引例1（人机大战）：2016 年是机器智能历史上一个具有纪念意义的年份，Google 的围棋计算机 AlphaGo 在与世界著名选手李世石的对局中，以 4∶1 的成绩取得了压倒性的胜利，成为第一个战胜围棋世界冠军的机器人。这件事不仅是人类在机器智能领域取得的又一个里程碑式胜利，而且标志着一个新的时代——智能时代的开启。计算机之所以能战胜人类，是因为机器获得智能的方式和人类不同，它不是靠逻辑推理，而是靠大数据和智能算法。在数据方面，AlphaGo 在训练时使用了几十万盘围棋高手之间对弈的数据，这是它获得所谓"智能"的原因。在计算方面，AlphaGo 采用了上万台服务器训练下棋，并且让不同版本的 AlphaGo 相互对弈了上千万盘，这才保证了它能做到"算无遗策"。

　　由此可见，下围棋这个看似智能型的问题，从本质上讲，是一个大数据、人工智能和最优算法的问题。

　　引例2（基于大数据，对公共卫生事件的成功预测和防控）：2009 年，人类发现了一种新的流感病毒——甲型 H1N1 禽流感病毒，短短的一个月内由该病毒导致的疾病在全球范围迅速蔓延开来。这让大家想起了 1918 年欧洲的大流感，当时有 5 亿人口受到病毒威胁，造成 5000 万 ~1 亿人死亡，因此甲型 H1N1 禽流感引起了全世界的恐慌。当时还没有研制出对抗这种流感的疫苗，因此公共卫生专家只能先设法知道这种禽流感流行到了哪里，以便防止它进一步传播。

　　过去预报疫情的方法是由各地医院、诊所和医务人员向疾病控制和预防中心上报。但是这种方法延时 10 ~14 天，而 14 天内疫情早已迅速扩散，因此公共卫生专家需要找到新的方法预测和监控疫情。值得庆幸的是，疾病控制与预防中心的科学家和 Google 的工程师在 2007 年和 2008 年一起合作研究了流行病传播和各地区搜索量变化的关系，通过各地区用户在 Google 上搜索与流感有关的关键词的趋势变化，预测流感流行到的区域。Google 的工程师们从 4.5 亿个关键词的组合中，最终挑出 45 个重要检索词条和 55 个次重要检索词条（归并成 12 类）作为特征，建立了一个线性回归模型，预测 2007 年和 2008 年冬季流感传播的趋势和地区，并且将预测结果与疾病控制与预防中心公布的数据进行比对，发现准确率高达 97% 以上。

　　受此启发，疾病控制与预防中心在 2009 年了解禽流感疫情时采用了同样的方法，获得了更有效、更及时的数据。这个案例后来被各种媒体报道，成为利用大数据解决医疗问题的经典案例。

在这个案例中，最关键的是建立起了数据之间的相关性，即疾病传播和该地区搜索关键词变化的关系模型。

1.1 数据与数据处理

1.1.1 数据的相关基本概念

1. 数据

数据是当今信息社会的热点词。狭义上，数据是指所有能输入计算机并被计算机程序处理的符号介质的总称，是用于输入电子计算机进行处理的具有一定意义的数字、字母、符号和模拟量等的通称。广义上，数据则是以更好的使用或处理方式来表示或编码的信息或知识，它可以被测量、收集、报告及分析，能够使用图形或图像来显示。

2. 大数据

大数据并非一个确切的概念。大数据是指以多元形式，由许多来源搜集而来的庞大数据组，往往具有实时性。由于需要处理的信息量过大，已经超出了一般计算机在处理数据时所能使用的内存量，因此工程师们必须改进处理数据的工具。这就导致新的处理技术的诞生，如谷歌的 MapReduce 平台和开源的 Hadoop 平台。

大数据具有"4V"特点：

（1）Volume（大量） 数据存储单位从过去的 GB、TB，到现在的 PB、EB、ZB 量级了。$1MB = 1024KB = 2^{10}KB$，$1GB = 1024MB = 2^{20}KB$，$1TB = 1024GB = 2^{30}KB$，$1PB = 2^{40}KB$，$1EB = 2^{50}KB$，$1ZB = 2^{60}KB$。

（2）Velocity（高速） 生活中每个人都离不开互联网，每个人每天都在向大数据中心提供大量的信息，通过互联网传输，大数据的产生非常迅速。同时数据平台要对海量数据做实时的分析和处理；否则信息传输堵塞，系统崩溃的代价太大。

（3）Variety（多样） 广泛的数据来源决定了大数据形式的多样性，任何形式的数据都可以产生作用。数据的多样性主要由新型多结构数据，以及网络日志、社交媒体、互联网搜索记录、手机通话记录和传感器网络等多种类型的数据造成。

（4）Value（价值） 大数据最大的价值在于通过从大量不相关的各种类型的数据中，挖掘出对未来趋势与模式的预测分析有价值的数据。现实世界所产生的数据中，有价值的数据所占比例很小，如何通过强大的算法更迅速地完成数据的价值"提纯"，是大数据时代亟待解决的难题。

从技术上看，大数据与云计算就像一枚硬币的正反两面一样密不可分。大数据无法用单台计算机进行处理，必须采用分布式计算架构。大数据技术在于对海量数据的挖掘，它必须依托云计算的分布式处理、分布式数据库、云存储和（或）虚拟化技术。

大数据开启了一次重大的时代转型，在实用层面的影响深远，它将重塑人们的生活、工作和思维方式，带来思维、商业和管理模式上的巨大变革，大数据已经撼动了从商业、科技、医疗、政府、教育、经济到人文等社会各个领域。

3. 信息

1928 年，哈特莱（R. V. L. Hartley）提出了一种被业界广泛认可的信息定义——信息是被消除的不确定性。例如，德国队与巴西队进行足球比赛，赛前对比赛结果有 3 种预测，即德国队胜、巴西队胜、两队打平。当听到比赛结果是"德国队胜"时，另外两种结果就不存在了，也就是说，消除比赛结果的随机不确定性，这一句"德国队胜"就是信息。语言的使用、文字与数字的创造、印刷术的发明、广播电视、多媒体技术、计算机技术、现代通信技术的应用与普及，是信息的载体和信息技术一次次的革命。

4. 信息量

通常所说的这个人说话信息量有用，那个人废话多，没什么信息。信息有用，又是如何客观、定量地体现出来的呢？1948 年，香农（Claude Shannon）提出了"信息熵"的概念，解决了信息度量问题，并且量化出信息的作用。

一条信息的信息量和它的不确定性有直接关系。如果要搞清楚一件非常不确定的事或是一无所知的事情，就需要搜集大量的信息；相反，如果对某件事已经有较多了解，那么无需太多信息就能把它搞清楚。所以，从这个角度看，信息量就等于不确定性的多少。

若随机事件 X 发生的概率为 $p(X)$，随机事件 X 的信息量 $H(X)$ 可度量为

$$H(X) = -p(X)\log_2 p(X)$$

并规定，当 $p(X) = 0$ 时，有

$$H(X) = -p(X)\log_2 p(X) = 0$$

假设有 n 个互不相容的事件 x_1, x_2, $\cdots$, x_n，它们中有且仅有一个发生，则其平均的信息量（期望信息量）可度量为

$$H(x_1, x_2, \cdots, x_n) = \sum_{i=1}^{n} H(x_i) = -\sum_{i=1}^{n} p(x_i)\log_2 p(x_i) \tag{1-1}$$

信息熵的大小指的是了解一件事情所需要付出的信息量是多少。公式（1-1）的计算结果为信息熵（Entropy）［单位为比特（bit）］。

1.1.2　数据处理的主要概念

1. 算法

算法（Algorithm）是一系列合乎逻辑的简洁指令，任何定义明确的计算步骤都可称为算法。在计算机中，算法指的就是一段或几段程序，告诉计算机用什么逻辑和步骤来处理数据和计算，最后能得到正确的结果。计算机高级语言中算法被封装成独立的函数或者独立的类。应该说算法是数据工作的核心，好比做一个丰盛大餐，数据和信息是原始食材，数据分析的结果是一道道美味的菜肴，那么算法就是大厨的烹饪过程了。

2. 数据挖掘

数据挖掘（Data Mining，DM）源于数据库知识发现（Knowledge Discovery in Database，KDD）。第一届知识发现和数据挖掘国际学术会议于 1995 年在加拿大召开，由于与会者把数据库中的"数据"比喻成矿山（见图 1-1），"数据挖掘"一词很快流行开来并被广泛使用。数据挖掘就是从海量的数据中采用自动或半自动的建模算法，寻找隐藏在数据中的信息［如趋势（Trend）、模式（Pattern）及相关性（Relationship）］，提取人们事先不知道的、有价值的、可实用的信息和知识的过程。

矿山(数据)   分析方法(算法)   金子(知识)

图 1-1   数据转化为知识的流程

3. 机器学习

机器学习（Machine Learning，ML）在 20 世纪 90 年代初进入人们的视野，它是一门多领域交叉学科，专门研究计算机怎样模拟或实现人类的学习行为。人类学习的目的是掌握知识和技能，以便能够进行比较复杂或者高要求的工作。人类让机器学习，最终目的也是使它能够独立或半独立地进行相对复杂或高要求的工作。只要设计好算法和程序，机器就可自动学习，并且还可不断自我优化。机器学习离不开大量已知的数据，以用来构建它的"经验"，并总结经验。机器学习对于频繁、大批量的任务有非常大的优势，在这些方面人类无法与会学习的机器抗衡。机器学习是人工智能（Artificial Intelligence，AI）的核心。

1.1.3   数据处理的流程

在理想的数据工作环境中，鼓励数据工作专家多与所有其他利益方之间进行反馈和反复沟通。这在数据应用项目的周期中得到充分的反映。尽管数据工作的处理过程被分解成不同阶段，但现实中各个阶段之间的边界并不是一成不变的，一个阶段的活动经常与另一个阶段的活动相互重叠。在整个处理过程向前推进时，经常需要在两个或更多的阶段之间往复循环。数据处理的主要阶段如图 1-2 所示。

第一阶段：制定目标

就是要制定一个可衡量和可量化的目标。在这个阶段，尽可能了解该项目的背景信息，包括以下内容：

• 该组织或单位为什么要设立和研究该项目？缺少什么以及需要什么？

• 该组织或单位正在做什么事情来解决问题？为什么还不够好？是否有可借鉴的经验？

• 你需要什么种类的数据以及需要多少？团队需要什么人员、哪些技术、多少时间？计算资源是什么？

• 该组织或单位如何实施和应用你的结果？为了成功地应用部署，必须满足哪些约束条件？

比如，对贷款应用进行数据分析建模，其终极目标是减少银行不良贷款导致的损

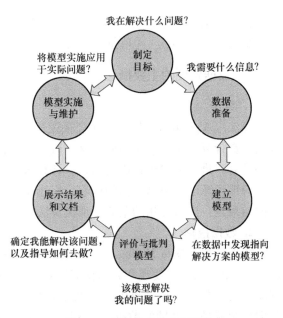

图 1-2   数据处理的主要阶段

失。银行设想有一种帮助贷款的应用工具，可以更精确地为贷款申请人打分，从而减少产生不良贷款的数量。同时让贷款人员觉得他们对批准贷款具有最终的判断能力，这也是很重要的。一旦你与项目出资方（银行）及其他利益方对这些疑问确定了基本答案，你就可以开始和他们一起制定项目的精确目标。该目标应该是具体的和可量化的，不是为了更好地发现不良贷款，而是使用一个对拖欠贷款申请人进行预测的模型，可减少 10% 以上的不良贷款损耗率。

通过项目的目标可得出该项目具体的约束条件和接受条件。目标越不具体，项目就越可能没有边际，因为没有哪一个结果定论为是最好的。这并不意味着不需要更具探索性的项目。例如，数据中有什么因素与高拖欠率相关？或者是否应该减少发放贷款的种类？应该去掉哪种贷款等？一旦有了关于目标的好想法，就能够集中精力收集数据以满足制定的目标。

第二阶段：数据准备

这个阶段包含识别你需要的数据并进行探索，使其满足适合于分析的条件。这个阶段经常是处理中最耗时的一个步骤，也是最重要的阶段之一。

- 什么数据可以为我所用？
- 这些数据是否有助于解决问题？
- 这些数据是否足够多？
- 数据的质量是否足够好？

一般数据来源于 4 种方式，即数据库、第三方数据统计、专业调研机构的统计年鉴或报告（如艾瑞资讯）、市场调查。

第三阶段：建立模型

在建立模型或分析阶段，最终要用到统计学和机器学习。这里，需要从数据中抽取有用的洞察和领悟，以达到既定目标。模型需要关于数据分布和关联关系的具体假设。因此，为了找到数据表达和数据建模的最好形式，从建模阶段到清洗阶段会有不断的反复和尝试。

最常见的数据建模包含以下需考虑的因素：

1）特征化。对数据进行描述探索，生成通用的图表。

2）打分。根据自变量预测或估计因变量的数值，如常用的回归分析。

3）排序。对对象进行综合评价排序。

4）关联。在数据中找出相关性或潜在的原因。

5）分类。决定某个东西属于哪个类别。

6）聚类。将观测值分到相似的组。

7）异常检测。识别其特征显著不同于其他数据的观测值，如信用卡欺诈检测。

第四阶段：评价与批判模型

一旦有了模型，就需要确定它是否满足目标：

- 对你的需求来说是否足够准确？它是否能很好地概括需求？
- 它是否比"直观猜测"表现得更好？比你当前使用的任何估计都表现得更好？比之前使用的模型方法是否更好？
- 模型结果（系数、聚簇、规则）在专业领域的情景是否有意义？也就是说，模型给出的结果是否符合实际情况？

● 模型是否足够精确？是否有更好的方式？

第五阶段：展示结果和文档

一旦有了已成功满足目标的模型，就可撰写数据分析报告，展示结果给出资方或其他需要展示的机构或个人。一份好的数据分析报告，首先要有一个好的分析框架，图文并茂、层次分明，能够让阅读者一目了然，并且有明确的结论、建议或解决方案。在成功实施模型之后，你也必须负责为使用、运行和维护模型的机构编写模型说明文档。

第六阶段：模型实施与维护

最后这个阶段，需要更广泛地言传模型的好处，并建立一个试点项目以可控的方式来部署模型，然后再将模型应用于整个企业或系统。

1.1.4 数据处理的误区

我们常说："用数据说话。"的确，数据会说话，但数据也会说假话。在大数据发展如此迅猛的时代，要记住，对于数据分析和挖掘出的结果寄予太多的信任是危险的。到底该怎样才能更好地利用大数据呢？这取决于对数据的选择和分析方式。

1. 不要用单一类型的数据去评价全局

通常拿到一组数据，首先要掌握数据的历史，对运营人员来说，熟悉、掌握网站的数据历史非常关键，数据的维度越全面，运营人员对数据的把握就会越清晰。人难免会犯以偏概全的错误，在数据分析中也很容易出现这样的错误。所以，运营人员要客观地结合相关数据进行对比分析，尽量使之全面。

2. 不要夸大偶然事件，认为带来必然结果

运营人员经常会发现一个活动结束后，运营数据有很大的提升，但是，这有可能是一个偶然事件，如果你认为这样的活动形式必然对数据有所帮助，那么就需要更多的数据来佐证它，并且适当地将这种活动转化为机制。如果不能证明两者之间的必然性，就有理由怀疑运营效果有可能是其他渠道导致的。

3. 避免唯数据论

任何事情都有其两面性，数据既可以说明问题，也可能遮蔽视线。仅凭数据还不能解决任何问题，数据分析出的结果并不是一个结论，不过是一个可供参考的资料。常见的平均数、百分数、准确度、概率、误差分析、统计图形、抽样等数据都容易受人操控，用于夸大事实或掩盖问题的真相。

4. 不是从问题实际出发，寄希望于软件"黑箱"工具

在实际工作中，不理解问题本质、不从实际出发、不理解算法的原理，而仅仅利用软件来操作数据，盲目地相信软件给予的结论和图形。不理解问题和数据，寄希望于软件的"黑箱"操作，就会犯将大象装进冰箱的错误。

大数据时代已经来临，大数据能帮助人们更好地进行已有的工作，并处理全新的事物。但大数据也不是万能的，它提供的不是最终答案，只是参考答案，人类的作用依然无法被完全替代。大数据是把双刃剑，用得好能够为社会造福；反之将威胁个人隐私，误导公众。

1.2 数据处理涉及的主要领域

数据处理是一门涉及领域非常广泛的交叉学科，它吸纳了统计学、线性代数、概率论、数据库和数据仓库、信息检索、模式识别、高性能计算、云计算、机器学习等许多领域的大量技术。与各学科的紧密联系极大地促进了数据分析的迅速发展和广泛应用。本节主要介绍数据处理需要的主要技术和方法。

1.2.1　统计学

统计学是通过对数据进行收集、整理、分析和描述，从而达到对研究对象本质的理解和表示。

在实际生活中，通常有一些过程无法通过理论分析直接获得模型，但可以通过直接或间接测量的方法描述目标对象相关变量的具体数据，用来刻画这些变量之间关系的数学函数称为统计模型。统计模型广泛应用于数据建模。例如，数据中通常包含噪声，甚至数据值的缺失，可以使用统计模型对有噪声和缺失的数据进行建模，在数据分析中可以使用该模型处理噪声和数据缺失的情况；反过来，在数据挖掘和数据处理过程中得到结果，也可以使用统计学方法检验是否符合实际。

传统的统计分析通常是"定性—定量—再定性"，其分析思路是"假设—验证"，在统计推断分析中，通常基于分布理论，以一定的概率为保证，根据样本特征去推断总体特征，其逻辑关系是"分布理论—概率保证—总体推断"。

传统的统计研究的数据是有意收集的结构化的样本数据，而现在面对的数据则是一切可以记录和存储、源源不断扩充、超大容量的各种类型的数据。首先，在认识数据方面，现在面对的数据不仅体量大、变化快，而且其来源、类型和量化方式都发生了根本性的变化，使得数据杂乱、多样、不整齐；其次，在收集数据方面，确定统计分析研究的目的后，由于备选数据的体量与种类都极大地增加了，统计分析工作的重点变成数据的比较与选择；最后，在数据分析方面，利用现代信息技术与各种软件工具，从数据中挖掘出有价值的信息，并在这个过程中丰富和发展统计分析方法。

1.2.2　数据挖掘

数据挖掘（Data Mining）也称为数据开采、数据采掘、数据采矿。企业中的数据量非常大，而其中真正有价值的信息却很少，因此从大量的数据中经过深层分析，获得有利于商业运作、提高竞争力的信息，就像从矿石中淘金一样，数据挖掘因此而得名。数据挖掘是数据库知识发现的一个步骤，也是核心部分。数据挖掘一般指通过统计、在线分析处理、情报检索、机器学习、专家系统和模式识别等诸多方法，从大量的数据中自动搜索并抽取隐藏于其中的有着特殊关系的信息的过程。

数据挖掘基于的数据库类型主要有关系型数据库、面向对象数据库、事务数据库、演绎数据库、时态数据库、多媒体数据库、主动数据库、空间数据库、文本型数据库、Internet信息库和数据仓库等。数据挖掘获得的知识包括关联规则、特征规则、区分规则、分类规则、总结规则、偏差规则、模式分析及趋势分析等。数据挖掘是一门交叉学科，它把人们对数据的应用从低层次的简单查询，提升到从数据中挖掘知识，提供决策支持。

在大数据时代，通过数据挖掘技术可提炼出大数据中有效知识信息中具有不可估量的价值回报。20 世纪 90 年代中后期，数据挖掘领域的一些较成熟的技术，如关联规则挖掘、分类、预测与聚类等被逐渐用于时间序列数据挖掘和空间数据挖掘。近年来，数据挖掘领域又有新的拓展，已经逐渐渗透到 Web 数据、社交网络、智能交通、生物信息、医疗卫生、金融证券等各个领域，这些领域的数据量大、种类繁多，对数据挖掘的理论与技术提出了新的挑战，是当前数据挖掘领域的重点和难点。

数据挖掘在大数据时代有着不可替代的意义，人们通过对大数据的各种分析，挖掘出对企业决策有利的信息。目前，几乎所有大企业提出的管理建议都以数据作为理论依据，并且国内的中小企业在分析和解决问题时也开始倾向于用数据说话，没有大量数据作为事实依据是无法提出科学合理的建议的。此外，当大量的数据积累到一定程度时，数据自己也会说话，对这些数据进行分析和处理，人们就可以从得出的结果中发现商机。

数据挖掘与传统的数据分析有所不同，数据挖掘技术具有以下特点：

1）处理的数据规模十分庞大，达到 GB、TB 数量级。

2）查询一般是决策制定者提出的即时查询，往往不能形成精确的查询要求，需要靠系统本身寻找其可能感兴趣的内容。

3）在一些应用领域，由于数据变化迅速，因此要求数据挖掘能快速做出相应反应以随时提供决策支持。

4）数据挖掘中，规则的发现基于统计规律。因此，所发现的规则不必适用于所有数据，而是当达到某一临界值时，即认为有效。因此利用数据挖掘技术可能会发现大量的规则。

5）数据挖掘所发现的规则是动态的，它只反映了当前状态的数据库具有的规则，随着不断地向数据库中加入新数据，需要随时对其进行更新。

1.2.3　云计算

云计算（Cloud Computing）是一种基于互联网的计算方式，其产生的目的是希望 IT 技术能像使用水、电那样方便，并且成本低廉。云计算将计算分布在大量的分布式计算机上，通过虚拟化技术集成为统一的资源池，提供按需服务，使得企业或用户能根据需求访问计算机和存储系统资源。根据美国国家标准与技术研究院（NIST）的定义，云计算是一种按使用量付费的模式，这种模式提供可用的、便捷的、按需的网络访问，进入可配置的计算资源共享池（资源包括网络、服务器、存储、应用软件和服务），这些资源能够被快速提供，只需投入很少的管理工作，或与服务供应商进行很少的交互。

云计算主要分为四类，即公共云、私有云、社区云及混合云。公共云利用互联网，面向公众提供云计算服务；私有云利用企业内网和专网，面向单一企业或组织提供云计算服务，这些服务是不提供给公众使用的；社区云利用内网、专网及 VPN，为多家关联部门提供云计算服务；混合云是上述两种或三种云的组合。

云计算的特点如下：

（1）超大规模　"云"具有相当的规模，Google 云计算已经拥有 100 多万台服务器，Amazon、IBM、微软、Yahoo 等的"云"均拥有几十万台服务器。企业私有云一般拥有数百上千台服务器。"云"能赋予用户前所未有的计算能力。

（2）虚拟化　云计算支持用户在任意位置、使用各种终端获取应用服务。所请求的资源来自"云"，应用在"云"中某处运行，但实际上用户无须了解，也不用担心应用运行的具体位置。只需要一台笔记本计算机或者一个手机，就可以通过网络服务来实现存储、计算、软件应用等各种服务。

（3）高可靠性　"云"使用了数据多副本容错、计算节点同构可互换等措施来保障服务的高可靠性，使用云计算比使用本地计算机可靠。

（4）通用性　云计算不针对特定的应用，在"云"的支撑下可以构造出千变万化的应用，同一个"云"可以同时支撑不同的应用运行。

（5）高可扩展性　"云"的规模可以动态伸缩，满足应用和用户规模增长的需要。

（6）按需服务　"云"是一个庞大的资源池，可按需购买；云可以像自来水、电、煤气那样计费。

（7）极其廉价　由于"云"的特殊容错性，可以采用极其廉价的节点来构成云，"云"的自动化集中式管理使大量企业无须负担日益高昂的数据中心管理成本，"云"的通用性使资源的利用率较之传统系统大幅提升，因此用户可以充分享受"云"的低成本优势，经常只要花费几百美元、几天时间就能完成以前需要数万美元、数月时间才能完成的任务。

（8）潜在的危险性　云计算除了提供计算服务外，还必然提供了存储服务。但是，当前云计算服务垄断在私人机构（企业）手中，仅仅能够提供商业应用。政府机构、商业机构（特别像银行这样持有敏感数据的商业机构）对于选择云计算服务应保持足够的警惕。一旦商业用户大规模使用私人机构提供的云计算服务，无论其技术优势有多强，都不可避免地让这些私人机构以"数据（信息）"的重要性挟制整个社会。对于信息社会而言，"信息"是至关重要的。另外，云计算中的数据对于数据所有者以外的其他云计算用户是保密的，但是对于提供云计算的商业机构而言确实毫无秘密可言。所有这些潜在的危险，是商业机构和政府机构选择云计算服务特别是国外机构提供的云计算服务时，不得不考虑的重要前提。

云计算平台也称为云平台，是服务器端数据存储和处理中心。云计算平台可以划分为以数据存储为主的存储型云平台、以数据处理为主的计算型云平台以及计算和数据存储处理兼顾的综合云计算平台三类。

常见的云计算平台有以下 9 个：

（1）Google App Engine　Google App Engine 是 Google 提供的服务，允许开发者在 Google 的基础架构上运行网络应用程序。Google App Engine 易于构建和维护，并可根据访问量和数据存储的增长轻松扩展。使用 Google App Engine 将不再需要维护服务器，开发者只需上传应用程序，它便可立即为用户提供服务。通过 Google App Engine，即使在重载和数据量极大的情况下，也可以轻松构建能安全运行的应用程序。

（2）Amazon Elastic Beanstalk　Elastic Beanstalk 为在 AWS（Amazon Web Services）云中部署和管理应用提供了一种方法。该平台建立如面向 PHP 的 Apache HTTP Server 和面向 Java 的 Apache Tomcat 这样的软件栈。开发人员保留对 AWS 资源的控制权，并可以部署新的应用程序版本、运行环境或回滚到以前的版本。通过 Elastic Beanstalk 部署应用程序到 AWS，开发人员可以使用 AWS 管理控制台、Git 和一个类似于 Eclipse 的 IDE。

（3）微软云　Azure 云计算服务平台可以使客户选择的权力部署在以云计算为基础的互联网服务上，或通过服务器，或把它们混合起来以任何方式提供给需要的业务。

（4）阿里云　与传统的操作系统相比，依托云计算的阿里云 OS 具有明显的优势。最为明显的优势便在于其所提供的三大基础服务（云存储、云应用和云助手）皆是基于成熟的云计算体系，为人们提供了稳定、可靠的服务。

（5）百度 BAE 平台　针对大数据的规模大、类型多、价值密度低等特征，百度云平台提供的 BAE（百度应用引擎）将提供高并发的处理能力，以满足处理速度快的要求。

（6）新浪 SAE 云计算平台　作为典型的云计算，SAE 采用"所付即所用，所付仅所用"的计费理念，通过日志和统计中心精确地计算每个应用的资源消耗（包括 CPU、内存、磁盘等）。

（7）腾讯云　腾讯云有着深厚的基础架构，并且有着多年对海量互联网服务的经验，可以为开发者及企业提供云服务器、云存储、云数据库和弹性 Web 引擎等整体一站式服务方案。

（8）华为云　华为云通过基于浏览器的云管理平台，以互联网线上自助服务的方式，为用户提供云计算 IT 基础设施服务。

（9）盛大云　盛大云是一个安全、快捷、自助化 IaaS 和 PaaS 服务的门户入口。

大数据与云计算具有紧密的关系，正因为有了云计算的超强计算能力，能够满足大数据的超大容量、超快速度、安全存储，使得大数据展现出了它的价值。与此同时，云计算的发展方向也受限于大数据处理。总之，大数据离不开云计算，云计算是大数据时代的唯一选择和唯一可行的大数据处理方式。大数据看中的是云计算存储能力和数据处理能力。云计算能为大数据提供强大的存储能力和计算能力，能够更加迅速地处理大数据的丰富信息，并更为方便地提供服务。大数据与云计算相结合，相得益彰，相互都能发挥最大的优势，其所释放的巨大能力几乎波及所有行业，也为社会创造出更多的财富，同时为科技作出了更大贡献。

1.3　数据处理的主要方法

大数据时代大量的结构化数据和非结构化数据的广泛应用，产生了庞大的数据，这需要进行剥离、整理、归类、建模、分析等操作，然后建立数据分析的维度，通过对不同维度的数据进行分析，最终才能得到想要的数据和信息。因此，如何进行数据的采集、预处理、统计和分析，是做好数据分析的基本方法。

1.3.1　数据采集

数据采集是指利用多个数据库接收来自客户端的数据，并且用户可以通过这些数据库进行简单的查询和处理工作。比如，电商会使用传统的关系型数据库 MySQL 和 Oracle 等存储每一笔事务数据，此外，Redis 和 MongoDB 这样的 NoSQL 数据库也常用于数据采集。

常用的数据采集方式主要有以下几种。

（1）数据抓取　通过程序从现有的网络资源中提取相关信息，录入到数据库中。

（2）数据导入　将指定的数据源导入数据库中，通常支持的数据源包括 Excel 表格、数据库文件、XML 文档、文本文件以及常用的数据库（如 SQL Server、Oracle、MySQL 等）。

（3）传感设备自动采集数据　有关数据或信息通过传感设备传输到主控板，主控板对数据或信息进行信号解析、算法分析和数据量化，将数据通过无线通信方式进行传输。

在数据采集过程中，其主要特点和挑战是并发数高，因为有可能会有成千上万的用户来同时访问和操作，如火车票售票网站和淘宝，它们并发的访问量在峰值时达到上百万，所以需要在采集端部署大量数据库才能支撑，并且如何在这些数据库之间进行负载均衡和分片的确是需要深入的思考和设计。

1.3.2　数据预处理

数据预处理（Data Preprocessing）是指在主要的数据处理以前对数据进行的一些处理，主要包括对所收集数据进行分类或分组前所做的审核、筛选、排序等必要的处理。数据预处理有多种方法：数据清理、数据集成、数据变换和数据归约等。这些数据处理技术在数据挖掘之前使用，大大提高了数据挖掘模式的质量，缩短了实际挖掘所需的时间。

（1）数据清理　它是通过填写缺失的值、光滑噪声数据、识别或删除离群点并解决不一致性来"清理"数据的。主要为达到以下目标：格式标准化、异常数据清除、错误纠正、重复数据的清除。

（2）数据集成　将多个数据源中的数据结合起来并统一存储，建立数据仓库的过程实际上就是数据集成。

（3）数据变换　通过平滑聚集、数据概化、规范化等方式将数据转换成适用于数据挖掘的形式。

（4）数据归约　数据挖掘时往往数据量非常大，在少量数据上进行挖掘分析需要很长的时间，数据归约技术可以用来得到数据集的归约表示，这就使数据量小得多，但仍然接近于保持原数据的完整性，使结果与归约前结果相同或几乎相同。

1.3.3　数据分析

数据分析（Data Analysis）指用适当的统计分析方法对收集来的大量数据进行分析，将它们加以汇总、理解并消化，以求最大化地开发数据的功能，发挥数据的作用。数据分析是建立在业务的基础上，没有业务指标，数据分析也就失去了意义。数据分析的常用方法有两种：

1）老七种工具，即排列图、因果图、分层法、调查表、散步图、直方图、控制图。

2）新七种工具，即关联图、系统图、矩阵图、KJ 法、计划评审技术、PDPC 法、矩阵数据图。

数据分析主要分为描述性数据分析、探索性数据分析和验证性数据分析。

1. 描述性数据分析

描述性数据分析是对数据源先进行最初的认知，然后才能去做一些其他分析。描述性数据分析属于比较初级的数据分析，常见的分析方法包括对比分析法、平均分析法、交叉分析法等。描述性数据分析要对调查总体所有变量的有关数据做统计性描述，主要包括数据的频数分析、数据的集中趋势分析、数据离散程度分析、数据的分布以及一些基本的统计图形。

2. 探索性数据分析

探索性数据分析（Exploratory Data Analysis，EDA）是指对已有数据在尽量少的先验假设下通过作图、制表、方程拟合、计算特征量等手段探索数据结构和规律的一种数据分析方法，该方法在 20 世纪 70 年代由美国统计学家 J. K. Tukey 提出。传统的统计分析方法常常先假设数据符合一种统计模型，然后依据数据样本来估计模型的一些参数及统计量，以此了解数据的特征，但实际中往往有很多数据并不符合假设的统计模型分布，这导致数据分析结果不理想。EDA 则是一种更加贴合实际情况的分析方法，它强调让数据自身"说话"，通过

EDA 可以最真实、直接地观察到数据的结构及特征。

EDA 出现之后，数据分析的过程就分为两步了，即探索阶段和验证阶段。探索阶段侧重于发现数据中包含的模式或模型，验证阶段侧重于评估所发现的模式或模型，很多机器学习算法（分为训练和测试两步）都是遵循这种思想。EDA 的技术方法主要包括汇总统计、可视化。

3. 验证性数据分析

已经有事先假设的关系模型等，要通过数据分析来对该假设模型进行验证，通常使用数理统计方法对所定模型或估计的可靠程度和精确程度做出推断。

1.3.4 数据挖掘算法

数据挖掘算法是根据数据创建数据挖掘模型的一组试探法和算法。为了创建模型，算法首先分析提供的数据，并查找特定类型的模式和趋势。数据挖掘常用分析算法有分类模型、聚类分析、关联分析、预测模型等，主要算法如图 1-3 所示。

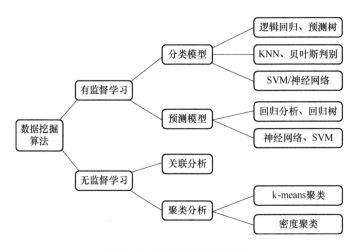

图 1-3　主要数据挖掘算法

1. 监督学习模型

监督学习模型就是人们常说的分类，通过已有的训练样本（即已知数据以及其对应的输出）去训练得到一个最优模型（这个模型属于某个函数的集合，最优则表示在某个评价准则下是最佳的），再利用这个模型将所有的输入映射为相应的输出，对输出进行简单的判断，从而实现分类的目的，也就具有了对未知数据进行分类的能力。

（1）决策树　决策树是用于分类和预测的主要技术之一，决策树学习是以实例为基础的归纳学习算法，它着眼于从一组无次序、无规则的实例中推理出以决策树表示的分类规则。构造决策树的目的是找出属性和类别间的关系，用它来预测未知记录的类别。它采用自顶向下的递归方式，在决策树的内部节点进行属性比较，并根据不同属性值判断从该节点向下的分支，在决策树的叶节点得到结论。

主要的决策树算法有 ID3、C4.5（C5.0）、CART、PUBLIC、SLIQ 和 SPRINT 算法等。它们在选择测试属性采用的技术、生成的决策树的结构、剪枝的方法和时刻，以及能否处理大数据集等方面都有各自的优势。

（2）贝叶斯算法　贝叶斯（Bayes）算法是一类利用概率统计知识进行分类的算法，如朴素贝叶斯（Naive Bayes）算法。这些算法主要利用贝叶斯定理来预测一个未知类别的样本属于各个类别的可能性，选择其中可能性最大的一个类别作为该样本的最终类别。由于贝叶斯定理的成立本身需要一个很强的条件独立性假设作为前提，而此假设在实际情况下通常是不成立的，因而其分类准确性就会下降。为此就出现了许多降低独立性假设的贝叶斯分类算法，如 TAN（Tree Augmented Native Bayes）算法，它是在贝叶斯网络结构的基础上增加属性对之间的关联来实现的。

（3）神经网络　神经网络是一种具有类似于大脑神经突触连接结构并能进行信息处理等应用的数学模型。在这种模型中，大量的节点（也称"神经元"）之间相互连接构成网络，即"神经网络"，以达到处理信息的目的。神经网络通常需要进行训练，训练的过程就是网络进行学习的过程。训练改变了网络节点的连接权值，使其具有分类的功能，经过训练的网络就可用于对象的识别。目前，神经网络已有上百种不同的模型，常见的有 BP 神经网络、径向基 RBF 网络、Hopfield 网络、随机神经网络（Boltzmann 机）、竞争神经网络（Hamming 网络、自组织映射网络）等。但是当前的神经网络仍普遍存在收敛速度慢、计算量大、训练时间长和不可解释等缺点。

（4）支持向量机（Support Vector Machine，SVM）　支持向量机是根据统计学习理论提出的一种新的学习方法，它的最大特点是根据结构风险最小化准则，以最大化分类间隔构造最优分类超平面来提高学习机的泛化能力，较好地解决了非线性、高维数、局部极小点等问题。对于分类问题，支持向量机算法根据区域中的样本计算该区域的决策曲面，由此确定该区域中未知样本的类别。

（5）集成学习分类模型　集成学习是一种机器学习范式，它试图通过连续调用单个的学习算法，获得不同的基学习器，然后根据规则组合这些学习器来解决同一个问题，可以显著地提高学习系统的泛化能力。主要采用（加权）投票的方法组合多个基学习器，常见的算法有装袋（Bagging）、提升/推进（Boosting）、随机森林等。集成学习由于采用了投票平均的方法组合多个分类器，所以有可能减小单个分类器的误差，获得对问题空间模型更加准确的表示，从而提高分类器的分类准确度。

（6）其他分类学习模型　此外还有 logistics 回归模型、隐马尔科夫分类模型（HMM）、基于规则的分类模型等众多的分类模型，对于处理不同的数据、分析不同的问题，各种模型都有自己的特性和优势。

2. 无监督学习模型

在非监督式学习中，数据并不被特别标识，学习模型是为了推断出数据的一些内在结构，应用场景包括关联规则的学习以及聚类等。常见的聚类算法有以下几种：

（1）k-means 聚类　k-means 算法的基本思想是初始随机给定 K 个簇中心，按照最邻近原则把待分类样本点分到各个簇，然后按平均法重新计算各个簇的质心，从而确定新的簇心，一直迭代，直到簇心的移动距离小于某个给定的值。

（2）基于密度的聚类　根据密度完成对象的聚类。它根据对象周围的密度（如 DBSCAN）不断增长聚类。典型的基于密度算法包括：DBSCAN（Densit-Based Spatial Clustering of Application with Noise），该算法通过不断生长足够高密度区域来进行聚类，它能从含有噪声的空间数据库中发现任意形状的聚类，此方法将一个聚类定义为一组"密度连接"的点集；OPTICS（Ordering Points To Identify the Clustering Structure），并不明确产生一个聚类，而是为自动交互的聚类分析计算出一个增强聚类顺序。

（3）层次聚类　层次聚类就是对给定的数据集进行层次分解，直到满足某种条件为止。层次凝聚的代表是 AGNES 算法；层次分裂的代表是 DIANA 算法。具体又可分为凝聚的、分裂的两种方案。

（4）谱聚类　谱聚类（Spectral Clustering，SC）是一种基于图论的聚类方法——将带权无向图划分为两个或两个以上的最优子图，使子图内部尽量相似，而子图间距离尽量较远，以达到常见聚类的目的。其中的最优是指最优目标函数不同，可以是割边最小分割，也可以是分割规模差不多且割边最小的分割。谱聚类能够识别任意形状的样本空间且收敛于全局最优解，其基本思想是利用样本数据的相似矩阵（拉普拉斯矩阵）进行特征分解后得到的特征向量进行聚类。

此外，常用的聚类算法还有基于网格的聚类、模糊聚类、自组织神经网络 SOM、基于统计学的聚类（COBWeb、AutoClass）等。

第2章

Matlab 基础

本章主要介绍 Matlab 软件的基础知识，包括 Matlab 界面及其基本操作、数据矩阵的输入与运算、二维作图、M 文件与编程等基本操作。

2.1 Matlab 简介

Matlab 是 MATrix LABoratory（矩阵实验室）的缩写，是由美国 MathWorks 公司于 20 世纪 80 年代初开发的一款以矩阵计算为基础的科学和工程计算软件，它将数值计算、可视化和编程功能集成在非常便于使用的环境中，具有简捷的绘图功能并为解决各种专门的科学和工程问题提供了许多工具箱。其特点是计算功能强、编程效率高、使用简便、易于扩充等，目前已经发展成为国际上最优秀的高性能科学和工程计算软件之一。Matlab 语言提供了一个极其广泛的预定义函数库，这就使得编写 Matlab 程序变得简单、高效。

首先简单介绍 Matlab 的工作界面。假如用户的计算机已经安装了 Matlab R2015a 以上版本，启动 Matlab，即可以看到图 2-1 所示的初始界面。

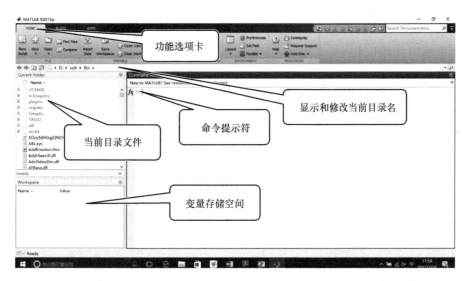

图 2-1　Matlab 初始界面

2.1.1　**Matlab 的特点**

Matlab 具有以下特点。

1）Matlab 是一个交互式软件系统，输入一条命令，立即就可以得到该命令的结果。

2）具有强大的数值计算功能。Matlab 以矩阵作为数据操作的基本单位，但无须预先指定维数（动态定维）；按照 IEEE 的数值计算标准进行计算；提供十分丰富的预定义函数，方便计算，提高效率；Matlab 命令与数学中的符号、公式非常接近，可读性强，容易掌握。

3）Matlab 符号运算功能。与著名的 Maple 软件相结合，具有强大的符号计算功能。

4）Matlab 绘图功能。提供丰富的绘图工具，很方便进行可视化操作。

5）编程功能。具有程序结构控制、函数调用、数据结构、输入输出、面向对象等程序语言特征，而且简单易学、编程效率高。

6）丰富的 APPS。APPS 在老版的 Matlab 中也称为工具箱 tools，实际上是用 Matlab 的基本语句编成的各种子程序集，可用于解决某一方面的专门问题或实现某一类的新算法。

7）源程序开放。除内部函数外，Matlab 的核心文件和工具箱文件都是可读可改的源文件，用户可以任意修改或者添加自己的函数文件来构成新的工具箱。所谓工具箱是对 Matlab 进行扩展应用的一系列 Matlab 函数（或称 M 文件），用于求解各类学科问题。

2.1.2　**Matlab 窗口简介**

启动 Matlab 程序后，弹出 Matlab 桌面窗口，如图 2-1 所示。在 Matlab 集成开发环境下，它集成了管理文件、变量和应用程序等许多编程工具。

在 Matlab 桌面上可以访问的常用窗口主要有以下几个：

- 命令窗口（Command Window）
- 历史命令窗口（History Command Window）
- 编辑调试窗口（Edit/Debug Window）
- 图像窗口（Figure Window）
- 工作空间（Workspace）
- 当前目录文件夹（Current Folder）
- 帮助窗口（Help Browser）
- 当前路径窗口（Current Directory Browser）

本节将简单介绍其中几个窗口的基本操作方式。

1. 命令窗口（Command Window）

Matlab 桌面的右半侧区域是命令窗口。在命令窗口中，用户可以在命令行提示符"＞＞"后输入一系列的命令，这些命令的执行也是在这个窗口中实现的。

例如，假设计算一个半径为 2.5m 的圆的面积，在命令窗口中的操作如下：

```
>>area=pi*2.5^2
area=
  19.6350
```

在按回车键的一瞬间，结果就被计算了出来，并被存储到一个叫 area 的变量中（其实是一个 1×1 的数组）。这个变量的数值将显示在命令窗口中，如图 2-2 所示，而且这个变量能做进一步的计算（注意，π 是 Matlab 预先定义好的变量，所以"pi"不需要预先声明）。

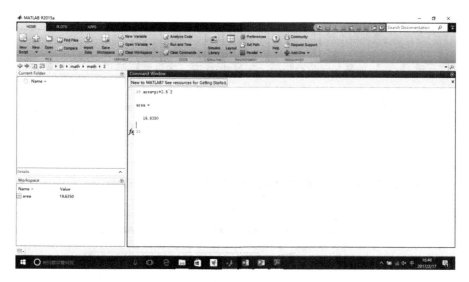

图 2-2　命令窗口在桌面的右半侧

如果用户希望得到脱离操作桌面的几何独立指令窗，只要按"Ctrl + Shift + U"组合键，就可得到图 2-3 所示的指令窗。按"Ctrl + Shift + D"组合键可将其固定进 Matlab 软件；或在"Home"选项卡中单击"Layout"下拉菜单中的"Default"可以恢复软件默认布局界面。

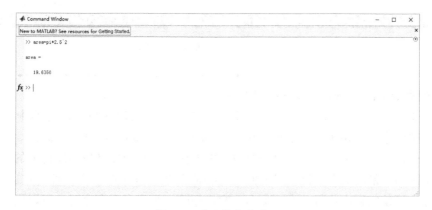

图 2-3　独立的指令窗口

如果一条语句在一行内书写太长了，需要另起一行接着写，这时就要在第一行末输入半个省略号（...），再开始第二行的书写。

下面这两语句是等价的：

```
>> x1 =1 +1/2 +1/3 +1/4 +1/5 +1/6;
```

和

```
>> x1 =1 +1/2 +1/3 + ...
+1/4 +1/5 +1/6;
```

注意：

1）续行符"..."前需加一个空格符，在 Matlab 中，如果续行符正确，则续行符的颜色会变成蓝色。

2）在 Matlab 中，命令后面加上分号（；），命令窗口（Command Window）不显示最后的数值结果，但这个结果已经计算出来了，并保存在了 Workspace 中，如图 2-4 所示。Matlab 中的符号必须是英文状态下的符号。

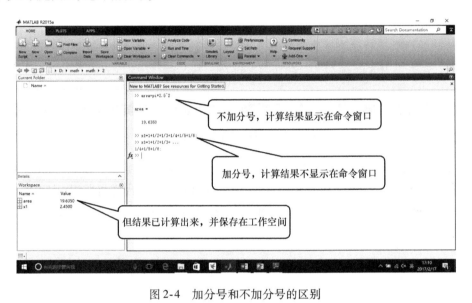

图 2-4　加分号和不加分号的区别

2. 历史命令窗口（History Command Window）

在 Matlab 2013a 以上的版本中，历史命令窗口并不会出现在最初的界面中，但可以从"Home"选项卡中"Layout"下拉菜单中的"Command History→Docked"调出。

历史命令窗口用于记录用户在命令窗口所做的操作，其顺序是按逆序排列的，即最早的命令排在最下面，最后的命令排在最上面。这些命令会一直存在下去，直到它被人为删除。双击这些命令可使它再次执行。在历史命令窗口删除一个或多个命令时，可以先选择它，然后单击右键，这时就弹出下拉菜单，选择"Delete Section"即可删除。

3. 编辑调试窗口（Edit/Debug Window）

命令窗口一般是输入一条命令，运行一条命令，这在具体使用时并不方便，而且也不便于保存程序代码。在 Matlab 中，为了解决问题，往往将代码保存成一个 M 文件。

在命令窗口按"Ctrl + N"组合键即可打开 M 文件的编辑调试窗口；或在命令窗口输入"Edit"命令后按回车键也可打开该窗口；或在"Home"选项卡中单击 或单击 中的小黑三角后选择"Script"都可以打开此窗口。

在 M 文件编辑器中，输入以下命令：

```
% 该文件用于计算一个圆的面积,并显示该结果
radius =2.5;
area =pi * 2.5^2;
string =['该圆的面积为:' , num2str(area)];
disp(string);
```

如图 2-5 所示，这个文件是计算半径已知的圆的面积并输出结果。

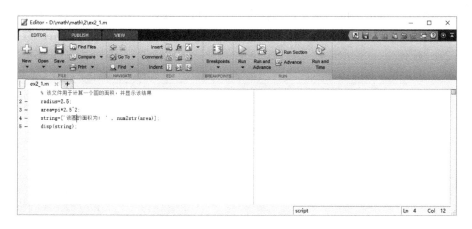

图 2-5　M 文件编辑窗口

编辑调试器是个重要的程序文件编辑器，Matlab 语言的一些特性会以不同的颜色显示出来。M 文件中的注释用绿色表示，变量和数字用黑色表示，字符变量用紫色表示，语言的关键字用蓝色表示。

当 M 文件保存完后，在命令窗口中输入该 M 文件的名字，或直接在文件编辑窗口按 F5 键，它就可以被执行了。图 2-5 所示程序的输出结果为：

```
>> ex2_1.m
```

该圆的面积为：19.635

关于 M 文件的运行调试在功能选项卡中有更多操作。

> **注意：**
>
> 　　上面编写的 M 文件为 Script 文件，除了 Script 文件外，还有一些其他的文件形式，如 Function 文件等，大家在编辑窗口就能看到。对于 Script 文件而言，要注意下面几点。
>
> 　　1）文件保存规则与变量相同，即只能使用字母、数字和下划线。
>
> 　　2）必须以字母开头。
>
> 　　3）文件名不能与文件中代码的变量名相同。

4. 图像窗口（Figure Window）

图像窗口主要用于显示 Matlab 图像。它所显示的图像可以是数据的二维或三维坐标图、

图片或用户图形接口。下面是一个简单的脚本文件（Script files），用于计算函数 sin（x）并打印出图像。

在命令窗口中按"Ctrl + N"组合键，打开代码编辑器，输入以下代码。该脚本程序用于绘制 $y = \sin x$ 在 [0, 6] 区间上的图像。

```
x =0:0.1:6;
y = sin(x);
plot(x,y);
```

如果此文件以"sin_x. m"为文件名保存，那么可以在命令窗口中输入此文件名即可执行文件。当脚本文件被编译后，Matlab 将会打开一个图像窗口，并在窗口显示函数 $\sin x$ 的图像，如图 2-6 所示。

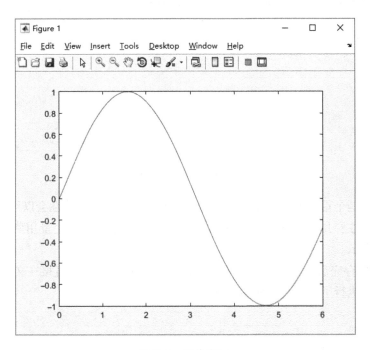

图 2-6　图像窗口

图像窗口还有许多操作，将在后面逐渐介绍。

5. 工作空间（Workspace）

工作空间可以用于内存变量的查阅、保存和编辑，在使用 Matlab 的过程中，可以用 Workspace Browser 跟踪相应内存变量，这对调试程序很有帮助。Matlab 启动后，所有变量都保存在工作空间中，除非被人为删除，如图 2-7 所示。

可使用 clear 或 clear + 变量名来删除工作空间中的变量。比如：在命令窗口输入：

```
>> clear
```

工作空间窗口就如图 2-8 所示，变量都被删除了。

图 2-7　工作空间窗口

图 2-8　使用 clear 后的工作空间窗口

好的编程习惯：
　　要及时清除变量。

6. 当前目录文件夹（Current Folder）

　　理解当前目录和搜索路径的作用是正确使用 Matlab 的关键环节。当前目录指的是当前 Matlab 工作的目录，Matlab 运行指令需要打开或者保存的文件，都要先在目录中查找或保存。搜索路径则是 Matlab 在工作时，需查找的相应文件、函数或变量所在的相关文件夹的路径。

　　设置当前路径可参考图 2-9。

　　有时使用别人创建的程序文件夹或自己编写的 APPS 时需要经常用到此方法，就要将这

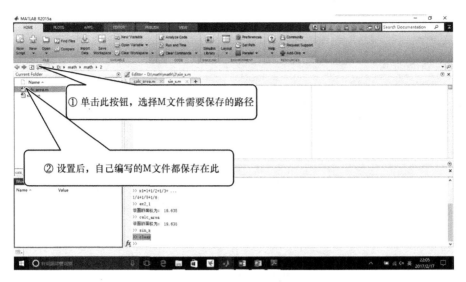

图 2-9　设置当前路径

个文件夹添加到 Matlab 的搜索路径上。这时，首先在命令窗口输入：

```
>> pathtool
```

在图 2-10 中，单击"Add Folder"按钮选择需要添加的文件夹，按提示操作即可。

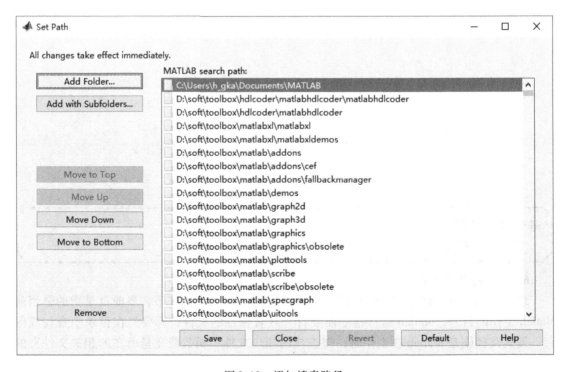

图 2-10　添加搜索路径

7. 帮助窗口（Help Browser）

Matlab 提供了强大的帮助功能以供用户使用。在碰到 Matlab 使用的各种相关问题时，查阅 Matlab 帮助系统往往可以找到相应的解决办法和答案。对于初学者，尤其需要重视帮助窗口的使用。

可以在"Home"选项卡中单击问号"?"或直接在命令窗口输入"help + 具体函数"，可以查找具体函数命令的使用帮助。

2.2　数组及其运算

2.2.1　变量和数组

1. 数值的记述

Matlab 数值采用习惯的十进制表示，可以带小数点或负号，以下记述都是合法的：

$$3, \ -99, \ 0.001, \ 9.456, \ 1.3e-3, \ 4.5e33$$

在采用 IEEE 浮点算法的计算机上，数值通常采用"占用 64 位内存的双精度"表示。其相对精度是 eps（Matlab 的一个预定义变量），可保存 16 位有效数字。数值范围为 $10^{-308} \sim 10^{308}$。

2. 变量命名规则

1) 变量名、函数名对字母大小写是敏感的，如变量 myvar 和 MyVar 表示两个不同的变量。sin 是 Matlab 预定义的正弦函数名，但 SIN、Sin 等都不是。

2) 变量名的第一个字符必须是英文字母，最多可包含 63 个字符（英文、数字和下连符），如 myvar201 是合法的变量名。

3) 变量名中不得包含空格、标点、运算符，但可以包含下连符。如变量名 my_var_201 是合法的，且读起来更方便，而 my, var201 由于逗号的分隔，就不是一个变量名。

4) 尽量避免与预定义变量名相同。

3. Matlab 默认的预定义变量

在 Matlab 中有些预定义变量（Predefined Variable），见表 2-1。每当 Matlab 启动时，这些变量就被产生。这些变量都有特殊含义和用途。建议用户在编写指令和程序时，尽可能不对表 2-1 所列预定义变量名重新赋值，以免产生混淆。

表 2-1　Matlab 中常用的预定义变量

预定义变量	含义	预定义变量	含义
ans	计算结果的默认变量名	nargin	函数输入参数数目
eps	机器零阈值	nargout	函数输出参数数目
Inf 或 inf	无穷大，如 1/0	realmax	最大正实数
i 或 j	虚数单位 $i = j = \sqrt{-1}$	realmin	最小正实数
pi	圆周率 π		
NaN 或 nan	不是一个数，如 0/0、∞/∞		

① 如果用户对表中任何一个预定义变量进行赋值，则该变量的默认值将被用户新赋的值"临时"覆盖。所谓"临时"是指：假如使用 clear 指令清除 Matlab 内存中的变量，或

Matlab 指令窗被关闭后重新启动,那么所有的预定义变量将被重置为默认值,不管这些预定义变量曾被用户赋过什么值。

② 在遵循 IEEE 算法规则的机器上,被 0 除是允许的。它不会导致程序执行的中断,只是在给出警告信息的同时,用一个特殊名称(如 Inf、NaN)记述。这个特殊名称将在以后的计算中以合理的形式发挥作用。

4. 数组

Matlab 程序的基本数据单元是数组。一个数组是以行和列组织起来的数据集合,并且拥有一个数组名(变量名)。

数组可以定义为向量或矩阵。向量一般来描述一维数组,而矩阵往往用来描述二维或多维数组。在本书中,当讨论一维数组时用向量表示,当讨论二维或多维数组时用矩阵。如果在特殊情况下,同时遇到这两种数组,就把它们通称为"数组"。

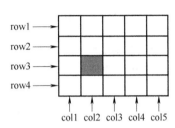

图 2-11　数组 arr

数组的大小(Size)由数组的行数和列数共同决定,注意行数在前。一个数组所包含的数据多少可由行数乘列数得到。如图 2-11 所示,数组 arr 的大小为 4 行 5 列,含有 20 个元素,阴影元素是 arr(3,2)。

Matlab 数组举例见表 2-2 所列。

表 2-2　Matlab 数组举例

数　　组	大　　小
$A = \begin{bmatrix} 1 & 2 \\ 3 & 4 \\ 5 & 6 \end{bmatrix}$	3×2 矩阵,包含 6 个元素
$B = \begin{bmatrix} 1 & 2 & 3 & 4 \end{bmatrix}$	一维行向量,共有 4 个元素
$C = \begin{bmatrix} 1 \\ 2 \\ 3 \\ 4 \end{bmatrix}$	一维列向量,共有 4 个元素

数组中的单个数据是可以被访问的,访问的方法是数组名后带一个括号,括号内是这个数据所对应的行标和列标。如果这个数组是一个行向量或列向量,则只需要一个下标,如上面的数组 $A(2,1)$ 为 3、$C(2)$ 为 2。一个 Matlab 变量是一段包含一个数组的内存区,并且拥有一个用户指定的变量名。通过适当的命令和它的变量名随时可以调用它和修改它。

5. 数据类型

图 2-12 列出了 Matlab 的主要数据类型。最常见的两种数据类型是 char 和 double 型。Matlab 数值型数据默认是 double 型,无论何时,你将一个数值赋值于一个变量名,那么Matlab 将自动建立一个 double 型变量。在后面,为了方便 char 型数据和 double 型数据一起存储,Matlab 利用 cell 型来操作。关于数据类型的各种使用,请读者在使用过程中自行体会

和学习。

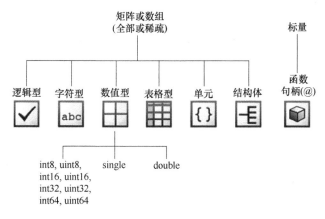

图 2-12　Matlab 2007 以上数据的主要类型

　　像 C 语言这样的高级语言中，变量类型和变量在使用前必须强制声明。这种语言称为强类型语言。相对地，像 Matlab 这样的叫作弱类型语言。通过简单的赋值形式就可以创建变量，变量类型取决于创建时的类型。

2.2.2　变量的初始化

　　当变量初始化时，Matlab 将会自动建立变量。有以下 3 种方式初始化 Matlab 中的变量。
　　1）用赋值语句初始化变量。
　　2）用 input 函数从键盘输入初始化变量。
　　3）从文件读取一个数据。
　　前两种方法在这里讨论，第三种方法将在后面的使用中介绍。

1. 用赋值语句初始化变量

　　最简单的创建和初始化变量的方法是用赋值语句赋予变量一个或多个值。赋值语句的一般形式为

变量 = 表达式

　　表达式可以是一个标量、一个数组或常量、其他变量和数学运算符号的联合。这个表达式的值是通过一般的数学运算法则计算出来的，然后将产生的结果存储到变量中。下面是一些用赋值语句初始化的变量：

```
var = 40 * i;
var2 = var/5;
var3 = 'hello';
array = [1 2 3 4];
x = 1;y = 2;
z = [1 2 3;4 5 6];
```

　　第一条语句创建了一个 double 类型的标量变量，存储了一个虚数 40i。第二条语句创建了一个变量 var2，把表达式 var/5 的值存储于内。第三条语句定义了一个字符串数组，Matlab

中的字符串都用单引号括起来，颜色呈洋红色。第四条语句创建了一个数组 array，是存储了一个四元素的行向量。第五条语句显示了多个赋值语句，可写在同一行，中间用逗号或分号隔开。最后一条语句创建了一个二维数组 $\begin{bmatrix} 1 & 2 & 3 \\ 4 & 5 & 6 \end{bmatrix}$，二维数组行与行之间的元素用分号分隔开。

> **注意：**
> 　　如果在赋值语句执行时变量已经存在，那么这个变量原有的值将被覆盖。多维数组时，一个数组每一行元素的个数必须完全相同，每一列元素的个数也必须完全相同。
> 　　a =[1 2 3；4 5]；这样的表达式是非法的，因为第一行有 3 个元素，第二行有只有 2 个元素。

在每个赋值语句末的分号有特殊的目的：无论何时，一个表达式在赋值语句中被赋值，如果句末有分号将不显示该赋值语句的结果。如果句末没有分号，变量值将自动显示在命令窗口中：

```
>> e =[1 2 3;4 5 6]
e =
1 2 3
4 5 6
```

如果在赋值语句末有分号，这种重复将会消失。重复是用于检查工作极好的方法，但是它降低了运行速度。因此，一般情况下总是禁止重复。尽管如此，重复计算的结果提供了一个强大的应急调试器。如果不能确定一个特定的赋值语句结果是多少，这时可以去掉这个语句后的分号，当编译这个语句时，结果会显示在命令窗口中。

> **好的编程习惯：**
> 　　● 在 Matlab 赋值语句后加上分号可禁止变量值在命令窗口重复显示，这将大大提高编译的速度。
> 　　● 如果在调试程序时需要检测一个语句的结果，可以把语句后的分号去掉，这样结果将会显示在命令窗口中。

2. 用捷径表达式赋值

创建一个元素少的数组用列举出元素的方法是比较容易的，但是当创建包括成千上万个元素的数组时，把每一个元素列举出来则不太现实。

Matlab 提供一种专门的捷径标记法，克隆运算符（Colon Operator）适用于上述情况。克隆运算符可以指定一系列的数值，它指定了这个系列数的第一值、步长和最后一个值，也称冒号表达式。它的一般格式如下：

$$first：incr：last$$

first 代表数组的第一个值，incr 代表步长，last 代表这个数组的最后一个值。如果步长为 1，那么步长可省略，而变成了 first：last 格式。

例如，表达式 1：2：10 是创建一个 1×5 行向量 [1 3 5 7 9] 的简便方法，语句如下：

```
>> x = 1:2:10
x =
1 3 5 7 9
```

用克隆标记法（冒号表达式）初始化一个含有 100 个元素的数组 $\left[\dfrac{\pi}{100},\ \dfrac{2\pi}{100},\ \cdots,\ \pi\right]$，语句如下：

```
Angles = (.01:.01:1) * pi
```

捷径表达式可以联合转置运算符（'）来初始化行向量或更加复杂的矩阵。转置运算符可以在需要的情况下完成行和列的转换。表达式如下：

```
f = [1:4]';
```

产生一个四元素行向量［1 2 3 4］，然后将其转换成四元素的列向量 $\begin{bmatrix} 1 \\ 2 \\ 3 \\ 4 \end{bmatrix}$；相似地，表达式如下：

```
g = 1:4;
h = [g' g]
```

将会创建一个矩阵 $\boldsymbol{h} = \begin{bmatrix} 1 & 1 \\ 2 & 2 \\ 3 & 3 \\ 4 & 4 \end{bmatrix}$。

3. 用内置函数来初始化

数组也可以用 Matlab 内置函数创始化，如函数 zeros 可以初始化任何大小的全为零的数组。内置函数有多种格式，见表 2-3。

size 函数所返回的是一个数组的行数和列数，所以它可以联合 zeros 函数来创建一个相同大小规模的零矩阵。下面是一些用到 zeros 函数的例子：

```
a = zeros(2);
b = zeros(2,3);
c = [1 2;3 4];
d = zeros(size(c))
```

这些语句产生下列的数组：

$$a = \begin{bmatrix} 0 & 0 \\ 0 & 0 \end{bmatrix},\ b = \begin{bmatrix} 0 & 0 & 0 \\ 0 & 0 & 0 \end{bmatrix},\ c = \begin{bmatrix} 1 & 2 \\ 3 & 4 \end{bmatrix},\ d = \begin{bmatrix} 0 & 0 \\ 0 & 0 \end{bmatrix}$$

相似地，ones 函数产生的数组包含的元素全为 1，eye 函数通常用来产生单位矩阵，只有对角线的元素为 1，其他元素为 0。

表 2-3　用于初始化变量的 Matlab 函数

函　　数	功　　能
linspace (a, b, n)	创建一个 n 个元素的行向量，第一个数为 a，最后一个为 b，步长为 $(b-a)/n$
zeros (n)	创建一个 $n \times n$ 零矩阵
zeros (n, m)	创建一个 $n \times m$ 零矩阵
zeros (size (arr))	创建一个与数组 arr 的零矩阵
ones (n)	创建一个 $n \times n$ 元素全为 1 矩阵
ones (n, m)	创建一个 $n \times m$ 元素全为 1 矩阵
eye (n)	创建一个 $n \times n$ 的单位矩阵
length (arr)	返回一个向量的长度或二维数组中最长的那一维的长度
size (arr)	返回指定数组的行数和列数

4. 用关键字 input 初始化变量

关键字 input 用来提示使用者直接从键盘输入初始化变量，它可以用来提示使用者输入 input 函数且在命令窗口显示提示语句，并等待用户输入一个值。例如，

```
my_val = input('Enter an input value:')
```

当这个语句被编译时，Matlab 打印出字符串"Enter an input value:"，然后等待用户回复。如果只输入一个数，那么只需直接输入即可，如果要输入一个数组，则必须加上中括号"[ ]"。不管怎样，当按回车键时，在窗口输入的任何值都会被存入变量 my_ val 中。如果不输入任何值只按回车键，那么这个变量就存储了一个空矩阵。

如果 input 函数中有字符 s 作为其第二个参数，输入的数据就被当作字符串。因此，语句：

```
>> in1 = input('enter data:');
Enter data:1.23
```

把数值 1.23 存储到 in1 中。而语句：

```
>> in2 = input('enter data:','s')
Enter data:123
```

把字符串 123 存储到 in2 中。

2.2.3　多维数组

正如前面所看到的，Matlab 的数组可能是一维或多维的。一维的数组可以形象地看作一组数水平或垂直地罗列出来，用一个下标就可以调用数组中的元素。这样的数组适用于一个变量的函数，如在同一个地方测量一系列的温度。如果要在 5 个不同的地方，每个地方测量 4 次温度，则有 20 次测量结果，在逻辑上分为 5 个不同的行，每行有 4 个测量结果。在这

种情况下，就需要两个下标来调用这个数组特定的函数：第一个下标选择行，第二个下标选择列。这样的数组叫作**二维数组**。二维数组中元素的个数取决于这个数组的行数和列数。

出于问题的需要，Matlab 允许创建**多维数组**。这些数组的每一维对应一个下标，并且每一单个元素都可以通过它的每个下标被调用。在这个数组中元素的总和取决于每一维中元素的个数。下面两个语句创建了一个 $2 \times 3 \times 2$ 数组 c：

```
>> c(:,:,1) =[1,2,3;4,5,6];
>> c(:,:,2) =[7,8,9;10,11,12];
>> whos c
Name  Size      Bytes   Class
c     2×3×2     96 double  array
```

c 为三维数组，它包含 12（$2 \times 3 \times 2$）个元素，第一维称为行，第二维称为列，第三维称为页，每一页存放二维数组，且行数与列数要相同。它的内容显示方法和其他数组的显示方法大体相同：

```
>> c
c(:,:,1) =
1 2 3
4 5 6
c(:,:,2) =
7 8 9
10 11 12
```

1. 多维数组在内存中的存储

一个有 m 行、n 列的二维数组包括 $m \times n$ 个元素，这些元素在计算机的内存中将会占有 $m \times n$ 个连续的内存空间。这些数组的元素在内存中是如何排列的呢？Matlab 以列作为主导顺序分配数组中的元素。也就是说，内存先分配第一列的元素，然后分配第二列、第三列、……依此类推，直到所有列都被分配完。图 2-13 所示为说明 4×3 数组 a 的内存分配情况。正如所看到的，元素 a（1，2）在内存分配的第五个位置。

2. 用单个下标访问多标数组

Matlab 的特性之一就是它允许使用者把一个多维数看作一个一维数组，这个一维数组的长度等于多维数组的元素数。如果用一个下标访问一个多维数组，那么元素的排列顺序就是内存的分配顺序。

例如，假设要声明一个 4×3 的数组如下：

```
>> a =[1 2 3; 4 5 6; 7 8 9;10 11 12]
a =
1 2 3
4 5 6
7 8 9
10 11 12
```

	⋯	
1	$a(1,1)$
4	$a(2,1)$
7	$a(3,1)$
10	$a(4,1)$
2	$a(1,2)$
5	$a(2,2)$
8	$a(3,2)$
11	$a(4,2)$
3	$a(1,3)$
6	$a(2,3)$
9	$a(3,3)$
12	$a(4,3)$
	⋯	

```
1    2    3

4    5    6

7    8    9

10   11   12
```

a) 数组 a 中的数据

b) 数据 a 在内存中的布局

图 2-13　4×3 数组 a 的内存分配情况

那么 a（5）的值为 5，与 a（1，2）的值相同，这是因为元素 a（1，2）排在内存第五个位置。

一般情况下，不应使用 Matlab 的这一特性。用单个下标访问多维数组可能会带来很多麻烦。

好的编程习惯：
　　在访问多维数组时，总是使用合适的维数。

2.2.4　子数组

通常可以选择和使用一个数组的子集，好像它们是独立的数组一样。在数组名后加括号，括号里是所有要选择的元素下标，这样就能选择这个数组的子集了。假设定义一个数组 arr1：

```
arr1 =[1.1 -2.2 3.3 -4.4 5.5]
```

那么 arr1（3）为 3.3，arr1（[1 4]）为数组 [1.1 -4.4]，arr1（1：2：5）为数组 [1.1 3.3 5.5]。

对于一个二维数组，克隆运算符可以用于下标来选择子数组。

```
arr2 =[1 2 3; -2 -3 -4;3 4 5]
```

建立了一个数组，即

$$arr2 = \begin{bmatrix} 1 & 2 & 3 \\ -2 & -3 & -4 \\ 3 & 4 & 5 \end{bmatrix}$$

在这种定义下，子数组 arr2（1,:）为 [1 2 3]，子数组 arr2（:，1:2:3）为

$$\begin{bmatrix} 1 & 3 \\ -2 & -4 \\ 3 & 5 \end{bmatrix}。$$

1. end 函数

Matlab 中有一个特殊的函数——end 函数，对于创建子数组的下标非常有用。当用到一个函数的下标时，end 函数会返回下标的最大值。

假设数组 arr3 定义如下：

```
arr3 =[1 2 3 4 5 6 7 8];
```

那么 arr3（5：end）将会产生数组 [5 6 7 8]，arr3（end）将会产生值8。

end 函数返回的值一般为所求下标的最大值。如果在一个数组中，end 函数显示有不同的下标，那么它将在一个表达式内返回不同的值。

假设一个 3×4 数组 arr4 定义如下：

```
arr4 =[1 2 3 4;5 6 7 8;9 10 11 12]
```

那么表达式 arr4（2：end，2：end）将会返回 $\begin{bmatrix} 6 & 7 & 8 \\ 10 & 11 & 12 \end{bmatrix}$。注意第一个 end 返回值为 3，第二个 end 返回值为4。

2. 子数组在左边的赋值语句的使用

只要数组的形（行数和列数）和子数组的形相匹配，子数组就可放于赋值语句的左边用来更新数组中的值。如果形不匹配，那么将会有错误产生。下面有一个 3×4 数组 arr4：

```
>> arr4 =[1 2 3 4;5 6 7 8;9 10 11 12]
arr4 =
1    2    3    4
5    6    7    8
9    10   11   12
```

在赋值号左边的表达式的形（2×2）与右边数组相匹配，那么下面的这个赋值语句是合法的。

```
>> arr4(1:2,[1 4]) =[20 21;22 23]
arr4 =
20   2    3    21
22   6    7    23
 9   10   11   12
```

注意，数组中（1，1）、（1，4）、（2，1）和（2，4）位置上的元素得到了更新。如果两边的形不相匹配，则表达式是非法的。下面的表达式运行后将出现错误提示：

```
>> arr5(1:2,[1 4])=[20 21]
??? Subscripted assignment dimension mismatch.
```

在 Matlab 中，用子数组赋值和用值直接赋值有很大的不同。如果用子数组赋值，那么只有相应的值得到更新，而其他值仍保持不变。如果用值直接赋值，则数组的原有内容全部删除并被新的值替代。

例如，对上面数组 arr4 的赋值语句，只更新特定的元素：

```
>> arr4(1:2,[1 4])=[20 21;22 23]
arr4 =
20    2    3    21
22    6    7    23
9    10   11   12
```

下面的赋值语句更新了数组的全部内容，并改变了数组的形：

```
>> arr4=[20 21;22 23]
arr4 =
20   21
22   23
```

3. 用一标量来给子数组赋值

位于赋值语句右边的标量值总能匹配左边数组的形。这个标量值将会被赋值到左边语句中所对应的元素。

```
arr4=[1 2 3 4;5 6 7 8;9 10 11 12]
```

下面的表达式将一个值赋值于数组的 4 个元素：

```
>> arr4(1:2,1:2)=1
arr4 =
1    1    3    4
1    1    7    8
9    10   11   12
```

4. 子数组的删除

在实际操作中，有时需要删除数组中的部分数据，例如：

```
>>arr5 =[9:-2:1]
arr5 =
     9  7  5  3  1
```

当需要删除第 3 个数据时，只需将这个位置的数据赋值为空数组 [ ] 即可。

```
>>arr5(3) =[ ]
arr5 =
     9  7  3  1
```

同样，对数组 arr6 使用下列语句：

```
>>arr6 =[1:4;5:8;9:12]
arr6 =
     1   2   3   4
     5   6   7   8
     9  10  11  12
```

删除第 1 列和第 2 列后为：

```
>>arr6(:,[1 2]) =[ ]
arr6 =
     3   4
     7   8
    11  12
```

2.2.5 单元阵列

单元阵列（Cell array）是 Matlab 中一种特殊的数组，它的元素被称为单元（Cells），它可以存储不同类型数据和不同长度数据的 Matlab 数组。如图 2-14 所示，一个单元阵列的一个单元分别包含了实数数组、字符型数组、复数组和空数组。

在一个编程项目中，一个单元阵列的每个元素都是一个指针，指向其他的数据结构，而这些数据结构可以是不同的数据类型。单元阵列为选择问题信息提供极好的方式，因为所有信息都聚集在一起，并可以通过单个名字访问。在图 2-15 所示的单元阵列中，$a(1, 1)$ 是数据结构 3×3 的数字数组。$a\{1, 1\}$ 的含义为显示这个单元的内容。

首先，创建图 2-14 中的 cell 变量：

```
a =cell(2,2)
a(1,1) ={[1 3 -7;2 0 6;0 5 1]}
a(1,2) ={'This is a string'}
a(2,1) ={[3 +4 * i -5;-10 * i 3 -4 * i]}
```

体会下面代码的区别：

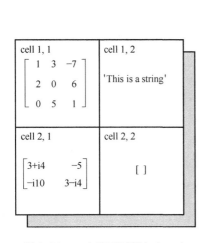

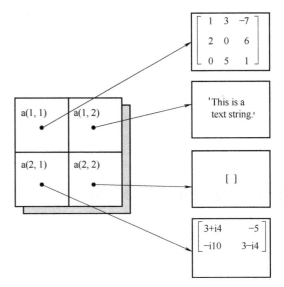

图 2-14　一个单元可能包含一个
实数数组或字符串数组

图 2-15　单元中每个元素都
是指向其他数据结构的指针

```
>> a(1,1)
ans =
[3x3 double]
>> a{1,1}
ans =
1   3   -7
2   0    6
0   5    1
```

$a(1,1)$ 显示的是一个数据结构，$a\{1,1\}$ 显示的是数据结构 $a(1,1)$ 的内容。

好的编程习惯：
　　当你访问一单元阵列时，不要把（ ）与 { } 混淆。它们是完全不同的运算。

2.2.6　显示输出数据

在 Matlab 中有许多方法可以显示输出数据。最简单的方法是已经用过的去掉语句末的分号，输出将显示在命令窗口中。下面向大家介绍一些其他方法。

1. 改变默认格式

当数据显示在命令窗口时，整数以整型形式显示，其他值将以默认格式显示。Matlab 的默认格式是精确到小数点后 4 位。如果一个数太大或太小，那它会以科学记数法的形式显示。对于 x = 100.11，y = 1001.1，z = 0.00010011，

它的显示如下：

```
x =
100.1100
y =
1.0011e +003
z =
1.0011e -004
```

改变默认输出格式要用到 format 命令，可根据表 2-4 改变数据的输出格式。

表 2-4 输出显示格式

format 命令	功 能	示 例
format short	保留小数点后 4 位（默认格式）	12.3457
format long	保留小数点后 14 位	12.34567890123457
format short e	带有 5 位有效数字的科学记数法	1.2346e +001
format short g	总共有 5 个数字，可以用科学记数法，也可不用	12.346
format long e	带有 15 位有效数字的科学记数法	1.23456789012346e +001
format long g	总共有 15 个数字，可以用科学记数法，也可不用	12.3456789012346
format bank	美元格式	12.35
format hex	用十六进制显示	4028b0fcd6e9e065
format rat	用分数表示	10000/81
format compace	隐藏多余的换行符	
format loose	使用多余的换行符	
format +	显示这个数的正负	

想要恢复默认的输入格式时，只需直接输入"format"或"format short"即可。

2. disp 函数

另一种显示数据的方法是用 disp 函数。

格式为：**disp（输出项）**

输出项可以是数值、数组或字符，将显示在命令窗口。

此函数可结合函数 num2str（将一个数转化为字符串）和 int2str（将一个整数转化为字符串）来产生新的信息，并显示在命令窗口中。下面的语句将"the value of pi =3.1416"显示在命令窗口中：

```
str =['the value of pi =' num2str(pi)];
disp(str);
```

第一句创建了一个字符型数组，第二句用于显示这个数组。

3. 用 fprintf 函数格式化输出数据

用 fprintf 函数显示数据是一种十分简便的方法。fprintf 函数显示带有相关文本的一个或多个值，允许程序员控制显示数据的方式。它在命令窗口打印数据的一般格式如下：

fprintf（format，data）

其中，format 代表一个描述打印数据方式的字符串；data 代表要打印的一个或多个标量或数组。format 包括两方面的内容：一方面是打印内容的文本提示；另一方面是打印格式（见表 2-5）。

```
fprintf('The value of pi is %6.2f \n',pi)
```

表 2-5　fprintf 函数格式的特殊字符

字符串格式	功　　能
%d	用整数显示数据
%e	用科学记数法显示数据
%f	用于格式化浮点数显示数据
%s	用字符格式显示数据
\n	转到新的一行

该语句将会打印出 'The value of pi is 3.14'，后面带有一个换行符。转义序列 %6.2 代表在本函数中的第一个数据项将占有 6 个字符宽度，小数点后有两位小数。

fprintf 函数有一个无法接受的局限性：只能显示复数的实部。当计算结果是复数时，这个局限性将会产生错误。在这种情况下，最好用 disp 显示数据。

2.2.7　数据文件

Matlab 程序产生的变量数据都保存在工作空间（WorkSpace）中，一旦退出软件或出现状况，这些数据都会丢失，不利于后期程序的使用和修改。因此，就需要加载和保存 Matlab 的数据文件。加载和保存 Matlab 数据文件的方法有很多，这里仅介绍常用的 save 和 load 命令。

save 命令用于保存当前 Matlab 工作空间内的数据到硬盘。这个命令的基本格式如下：

```
save 文件名 变量1 变量2 变量3…
```

文件名代表要保存变量的文件名，变量 1、变量 2、变量 3 等是要保存的变量数据。在默认情况下，这个文件的扩展名为 mat，称为 MAT 文件。如果在文件名后无变量，则工作区的所有内容将会被保存。

比如，需要保存工作空间中的 var1 和 var2 到数据文件，数据文件命名为 data1，则在命令窗口执行下述指令：

```
save data1 var1 var2
```

这样，在当前目录文件夹中将创建一个名为 data1.mat 的数据文件。

load 命令与 save 命令相反。它从硬盘文件加载数据到 Matlab 当前工作区。这个命令的基本格式为：

```
load 文件名
```

如果这个文件是 mat 文件，那么所有被加载变量的变量名、变量类型将和原来一样。如果变量包含在工作空间窗口，那么这些数据将会被修复。

2.2.8　数组运算和矩阵运算

Matlab 在数组运算中提供了两种不同类型的运算：一种是数组运算（Array Operations）；另一种是矩阵运算（Matrix）。数组运算是一种用于元素对元素的运算。也就是说，这个运算是针对两数组相对应元素的运算使用的。

设 $a = \begin{bmatrix} 1 & 3 \\ 2 & 4 \end{bmatrix}$，$b = \begin{bmatrix} -1 & 3 \\ -2 & 1 \end{bmatrix}$，那么 $a + b = \begin{bmatrix} 0 & 6 \\ 0 & 5 \end{bmatrix}$。

注意，两数组的行数和列数必须相同；否则 Matlab 程序将产生错误。

数组运算可以用于数组与标量的运算。当一个数组和一个标量进行运算时，标量将会和数组中的每一元素进行运算。例如：

$a = \begin{bmatrix} 1 & 3 \\ 2 & 4 \end{bmatrix}$，则 $a + 4 = \begin{bmatrix} 5 & 7 \\ 6 & 8 \end{bmatrix}$

矩阵运算则遵守线性代数的一般规则，如矩阵的乘法规则。

Matlab 用一个特殊的符号来区分矩阵运算和数组运算。矩阵运算采用普通运算符，数组运算则采用点运算符，即把点置于普通运算符前。表 2-6 给出了常见的数组和矩阵运算。

表 2-6　Matlab 数组运算与矩阵运算

运　算	Matlab 形式	功　能
数组加法	A + B	数组加法与矩阵加法相同
数组减法	A − B	数组减法与矩阵减法相同
数组乘法	A . * B	A 和 B 的元素逐个对应相乘，两数组之间必须有相同的形，或其中一个是标量
矩阵乘法	A * B	A 和 B 的矩阵乘法，A 的列数必须和 B 的行数相同
数组右除法	A . / B	A 和 B 的元素逐个对应相除：$A(i, j)/B(i, j)$ 两数组之间必须有相同的形，或其中一个是标量
数组左除法	A . \ B	A 和 B 的元素逐个对应相除：$B(i, j)/A(i, j)$ 两数组之间必须有相同的形，或其中一个是标量
矩阵右除法	A / B	矩阵除法，等价于 $A * inv(B)$，$inv(B)$ 是 B 的逆阵
矩阵左除法	A \ B	矩阵除法，等价于 $inv(B) * A$，$inv(A)$ 是 A 的逆阵
数组指数运算	A . ^ B	A、B 中的元素逐个进行以下运算：$A(i, j) \verb|^| B(i, j)$、$A(i, j)/B(i, j)$，两数组之间必须有相同的形，或其中一个是标量

初学者往往混淆数组运算和矩阵运算。在一些情况下，两者相互替换会导致非法操作，Matlab 将会报错。但另一些情况下，两种运算表面上看又都是合法的，此时 Matlab 进行错误的运算，并产生错误的结果。当进行方阵运算时，极易产生这样的错误。两个方阵具有相同的大小，两者之间的数组运算和矩阵运算都是合法的，但产生的结果完全不同。在这种情况下，你要特别小心。

> **编程隐患：**
> 在 Matlab 代码中，要仔细区分数组运算和矩阵运算。数组乘法和矩阵乘法极易混淆。

2.2.9 内置函数

1. 常用内置函数

许多 Matlab 函数定义了一个或多个标量输入，产生一个输出。语句 $y = \sin x$ 计算 x 的正弦，并将结果存储到 y 变量中。如果函数接受了输入值构成的数组，那么 Matlab 将一一计算出每个元素所对应的值。假设：

```
x =[0 pi/2 3*pi/2 2*pi]
```

那么语句：

```
y = sin(x)
```

将会产生 $y = [0\ 1\ -1\ -0]$.
同样地：

```
x =1:4;
y = x.^2;
```

将得到数组 $y = [1\ 4\ 9\ 16]$。需要特别注意的是，对应数学上的幂函数 $y = x^2$，在 Matlab 中计算时需要使用数组运算。

常用的 Matlab 数学函数见表 2-7。

表 2-7　常用 Matlab 数学函数

函　数	描　　述
abs(x)	计算 x 的绝对值
sin(x)	正弦函数
cos(x)	余弦函数
tan(x)	正切函数
exp(x)	指数函数 e^x
log(x)	以自然数为底数的对数函数 $\ln x$
[value, indes] = max(x)	返回 x 中的最大值和它所处的位置
[value, indes] = min(x)	返回 x 中的最小值和它所处的位置
mod(x, y)	x 除以 y 的余数
sqrt(x)	x 的平方根
ceil(x)	大于 x 的最小整数
fix(x)	x 的整数部分

（续）

函　　数	描　　述
floor(x)	小于 x 的最大整数
round(x)	求 x 的四舍五入整数
char(x)	将矩阵中的数转化为字符，矩阵中的元素就不大于 127
double(x)	将字符串转化为矩阵
int2str(x)	将整数 x 转化为字符串形式
num2str(x)	将数值转化为字符型数组
str2num(x)	将字符串转化为数

Matlab 几个小技巧

- Matlab 的命令记忆功能：上下箭头键。
- 命令补全功能："Tab"键。
- 用 "Esc" 键删除命令行。
- 用 clc 命令清除命令窗口。
- 用 clear 命令清除命令窗口。
- 用 "Ctrl +C" 组合键强行终止程序运行。

2. 其他内置函数

（1）rand　rand 产生一个在（0，1）之间的均匀分布的数。

（2）randn　randn 产生一个服从 N（0，1）正态分布的随机数。

```
randn(n)
randn(m,n)
```

例如：

```
rand
ans =
    0.9501
rand(2,3)
ans =
    0.2311    0.4860    0.7621
    0.6068    0.8913    0.4565
randn
ans =
    0.6565
rand n(3,2)
ans =
   -1.1678   -1.2132
   -0.4606   -1.3194
   -0.2624    0.9312
```

（3）find　找出非 0 元素，也可以查找指定条件的元素，并返回元素所在位置索引。

1）示例 1：

```
x =[8 5 6 9 4 7 10];
find(x >5)
```

输出结果：

```
ans =
1  3  4  6  7
```

2）示例 2：

```
x = fix(rand(5) *10),[r,c] = find(x >5);r = r',c = c',length(r) - length(find(x >5))
```

输出结果：

```
x =
    0   3   4   6   4
    0   6   4   7   7
    1   7   3   4   8
    5   6   1   5   2
    0   0   6   1   2
r =
    2   3   4   5   1   2   2   3
c =
    2   2   2   3   4   4   5   5
ans =
    0
```

3）示例 3：

```
vec = fix(rand(1,10) *100)
id = find(vec > =60 & vec <=69)
sprintf('60 -69 分的人数 =%5d',length(id))
```

运行结果：

```
vec =
    45   1   82   44   61   79   92   73   17   40
id =
    5
ans =
60 ~69 分的人数 =  1
```

（4）sort　[Y, I] = sort（x）返回索引矩阵 I，如果 x 是一个向量，则 $Y = x$（I）。如果 x 是个 m 行 n 列矩阵，则有"for j = 1：n, Y（:, j）= x（I（:, j），j）; end"。

例如：

```
vec = fix(rand(1,10) * 100);
[value,idx] = sort(vec);
they_are_zero = vec(idx) - value
```

运行结果：

```
value =
    1  19  19  27  41  44  46  60  74  93
idx =
    5   1   4   3  10   7   9   2   6   8
they_are_zero =
    0   0   0   0   0   0   0   0   0   0
```

（5）fprintf 格式化数据输出　与 C 语言中的 printf 函数用法相似，常见的数值处理函数见表 2-8。

表 2-8　常用数值处理函数

函 数 名	功 能
sum	求和
mean	求平均值
round	四舍五入
fix	向零取整
floor	向负无穷方向取整
ceil	向正无穷方向取整
mod	除法求余（结果与除数同号）MOD（x, y）等于 $x - y. *$ floor（$x./y$）（y 不为 0），若 $y = 0$，则 mod（x, 0）返回 x
rem	除法求余（结果与被除数同号）REM（x, y）等于 $x - y. *$ fix（$x./y$）（y 不为 0），若 $y = 0$，则 rem（x, 0）返回 NaN
sign	符号函数，当 x 为正时 sign（x）为 1，当 x 为 0 时 sign（x）为 0，当 x 为负时 sign（x）为 -1

2.3　作图入门

Matlab 的可扩展性和机制独立的作图功能是一个极其重要的功能，这个功能使画数据图变得十分简单。首先要创建两个向量 x、y，然后使用 plot 函数作图。

假设要画出函数 $y = x^2 - 10x + 15$ 的图像，定义域为 [0, 10]，只需要 3 条语句就可以画出此图。第一条语句创建自变量 x 向量；第二条语句用于计算 y 值，注意这里用的是数组运算符，表示对 x 的元素一一运算；第三条语句作图。在命令窗口中输入以下代码：

```
x = 0:1:10;
y = x.^2 -10 * x +15;
plot(x,y);
```

当执行到 plot 函数时，Matlab 调用图像窗口，并显示图像，如图 2-16 所示。

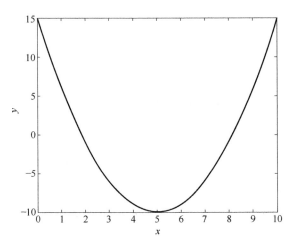

图 2-16　定义域为 $[0, 10]$ 的 $y = x^2 - 10x + 15$ 图像

2.3.1　简单的直角坐标系作图

1. 基本作图操作

正如前面所看到的，在 Matlab 中作图是十分容易的。只要有任何一对长度相同的向量，plot 函数就可以把它画出来。此外，还可以对所作图形进行标识，包括标题、坐标轴、图形注释、网格线、边框等，函数格式见表 2-9。

表 2-9　**Matlab** 图形标识函数

函 数 格 式	说　　明
title（'s'）	给图形添加标题 s
xlable（'标注'，'属性1'，属性值，'属性2'，属性值，...）	标注横坐标轴名
ylable（'标注'，'属性1'，属性值，'属性2'，属性值，...）	标注纵坐标轴名
text（xt, yt, 's'）	在图形（xt, yt）处注释 s
grid on grid off grid	控制坐标是画还是不画网格线，不带参数的 grid 函数在两种状态之间切换
box on box off box	控制坐标是加还是不加边框，不带参数的 box 函数在两种状态之间切换

下面的语句将会产生带有标题、标签和网格线的函数图像，结果如图 2-17 所示。

```
x = 0:1:10;
y = x^2 -10 * x +15;
plot(x,y);
title('Plot of y = x. ^2 -10 * x +15');
xlabel('x');
ylabel('y');
grid on;
```

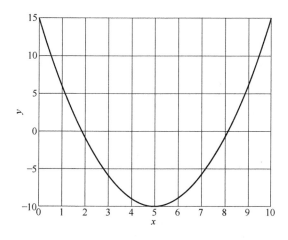

图 2-17　带有标题、网格线和标签的图像

上面通过代码来添加图形的一些属性，同样地，也可以在图像窗口（见图 2-18）使用鼠标来设置图形的属性。通过单击图像窗口的箭头按钮，选择对应的对象，可以通过右键和菜单命令进行设置。具体操作请读者自己体会，这里就不详细说明了。

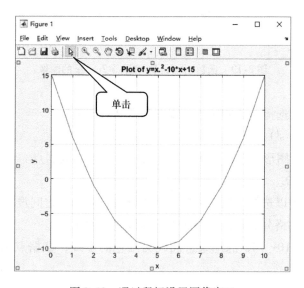

图 2-18　通过鼠标设置图像窗口

2. 联合作图

在同一坐标系内作出多个函数图像的情况是十分常见的，如在同一坐标系内作出 $f(x) = \sin2x$ 和它的导数 $(\sin2x)' = 2\cos2x$ 的图像。

在同一坐标系内作两个函数图形，必须产生一系列 x 值和每个 x 值分别对应的函数值，plot 函数根据这些值可画出多个图形。

格式：

$$plot(x,y1,x,y2,x,y3,\ldots)$$

语句如下：

```
x = 0:pi/100:2 * pi;
y1 = sin(2 * x);
y2 = 2 * cos(2 * x);
plot(x,y1,x,y2);
```

所得图像如图 2-19 所示。

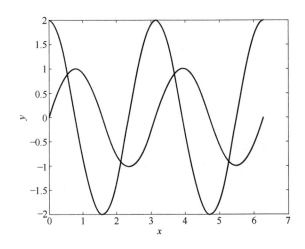

图 2-19　函数 $y_1 = \sin2x$ 和 $y_2 = 2\cos2x$ 的图像

Matlab 允许程序员选择图形的颜色、线型和数据点的类型。

格式：$plot(x, y, 's')$

其中字符串 s 包括图形 3 个方面属性，即颜色、线型、数据点类型。

属性规定见表 2-10。

这些属性字符串可以选择一项、两项或三项都选，各选项之间没有顺序关系，直接相连即可，不能用逗号或空格分隔开，同一属性不能同时选两个。

设置函数 $y = x^2 - 10x + 15$ 的图像，曲线为红色的虚线，数据点用蓝色的小圆圈表示，如图 2-20 所示。

表 2-10　图像的颜色、数据点类型、线型

颜　　色	数据点类型	线　　型
y　黄色	.　点	－　实线
m　紫色	o　圈	:　点线
c　青绿色	x　×号	-.　点画线
r　红色	s　正方形	--　虚线
g　绿色	d　菱形	< none >　无
b　蓝色	v　倒三角形	
w　白色	^　正三角形	
k　黑色	>　三角（向右）形	
	<　三角（向左）形	
	p　五角形	
	h　六角形	
	< none >　无	

```
x = 0:1:10;
y = x.^2 -10.*x +15;
plot(x,y,'r--',x,y,'bo');
```

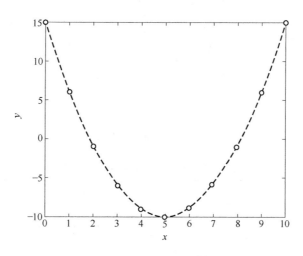

图 2-20　定义域 [0，10] 的 $y = x^2 - 10x + 15$ 图像

2.3.2　作图的附加特性

1. 图例

通常可以用 legend 来制作图例。它的基本形式如下：

$$legend('string1','string2',\ldots,pos)$$

其中，string1、string2 等是给图形的标签名；pos 是一个整数，用来指定图例的位置。

这些整数所代表的意义在表 2-11 中列出。用 legend off 命令可去除多余的图例。一个完整的图像例子显示如图 2-21 所示，产生这个图像的语句如下：

```
x = 0:pi/100:2 * pi;
y1 = sin(2 * x);
y2 = 2 * cos(2 * x);
plot(x,y1,'k-',x,y2,'b--');
title(' Plot of f(x) = sin(2x) and its derivative');
xlabel('x');
ylabel('y');
legend('f(x)','d/dx f(x)')
grid on;
```

图 2-21 中，在同一坐标系内，显示了 $f(x) = \sin 2x$ 和它的导数函数的图像，用实线代表 $f(x)$，用虚线代表它的微分函数。图中还显示了标题、坐标轴标签和网格线。

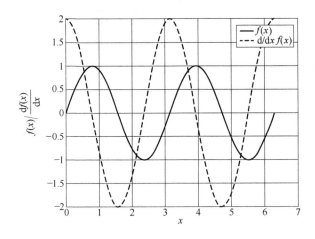

图 2-21　图例的使用示例

表 2-11　在 legend 命令中 pos 的值

值	意　　义
0	自动寻找最佳位置，至少不与数据冲突
1	在图像的右上角
2	在图像的左上角
3	在图像的左下角
4	在图像的右下角
−1	在图像的右边

2. 控制坐标轴范围

在默认情况下，图像的 x、y 轴的范围宽到能显示输入值的每个点。但是有时只需显示这些数据的一部分，这时可以应用 axis 命令/函数。

axis 命令/函数的格式见表 2-12。其中两个最重要的格式就是允许程序员设定和修改坐标的上下限。所有形式的完全列表可在 Matlab 的在线文件中找到。

为了说明 axis 的应用，在图 2-22 中画出函数 $f(x) = \sin x$ 为 $-2\pi \sim 2\pi$ 之间的图像，然后限定坐标的区域为 $0 \leqslant x \leqslant \pi$、$0 \leqslant y \leqslant 1$。

表 2-12　axis 命令/函数的格式

命　　令	功　　能
v = axis	此函数将会返回一个四元素行向量 $\begin{bmatrix} x_{\min} & x_{\max} & y_{\min} & y_{\max} \end{bmatrix}$，其中 $x_{\min}$、$x_{\max}$、$y_{\min}$、$y_{\max}$ 代表 x、y 轴的上下限
axis ($\begin{bmatrix} x_{\min} & x_{\max} & y_{\min} & y_{\max} \end{bmatrix}$)	$x_{\min}$、$x_{\max}$ 设定横轴的下限及上限，$y_{\min}$、$y_{\max}$ 设定纵轴的下限及上限
axis equal	将横轴纵轴的尺度比例设成相同值
axis square	横轴及纵轴比例是 1:1
axis normal	以预设值画纵轴及横轴
axis off	将纵轴及横轴取消
axis on	这个命令打开所有的轴标签，核对符号、背景（默认情形）

在 Matlab 中，有些时候不能分清函数和命令。例如，有时 axis 好像是命令，有时又像函数。有时把它当作命令 axis on，在其他时候，又把它当作函数 axis（[0 20 0 35]）。遇到这种情况怎么办？

一个简单的答案是 Matlab 命令是通过函数来实现的。Matlab 编译器无论什么时候遇到这个命令，它都能转化为相应的函数。它把命令直接当作函数来用，而不是应用命令语法。下面的两个语句是等价的：

```
axis on;
axis('on');
```

注意，只有带字符参数的函数才能当作命令，带数字参数的函数只能被当作函数。这就是为什么 axis 有时当作命令，有时被当作函数的缘故。

```
x = -2 * pi:pi/20:2 * pi;
y = sin(x);
plot(x,y);
title('Plot of sin(x)vs x');
```

当前图像坐标轴的上下限的大小由函数 axis 得到：

```
>> limits = axis
limits =
-8 8 -1 1
```

修改坐标轴的上下限可以调用函数 axis（[0 pi 0 1]），如图 2-22 所示。

3. 在同一坐标系内画出多个图像

一般情况下，创建一个新的图像就要用到 plot 命令，原来的图像就会自动消失，这可以

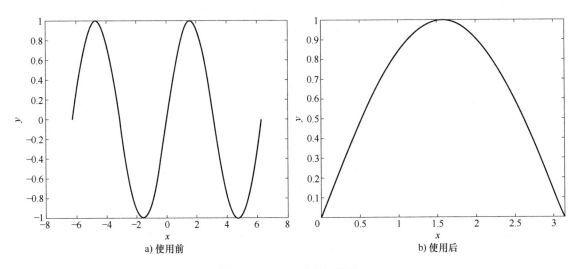

a) 使用前   b) 使用后

图 2-22 axis 函数使用前后

通过 hold 命令进行修改。当执行 hold on 命令后，所有新图像都会叠加在原来的图像上。hold off 命令可恢复默认情况，即用新的图像来替代原来的图像。

在同一坐标系内画出 $\sin x$ 和 $\cos x$ 的图像，如图 2-23 所示。程序语句如下：

```
x = -pi:pi/20:pi;
y1 = sin(x);
y2 = cos(x);
plot(x,y1,'b - ');
hold on;
plot(x,y2,'k -- ');
hold off;
legend('sin x','cos x');
```

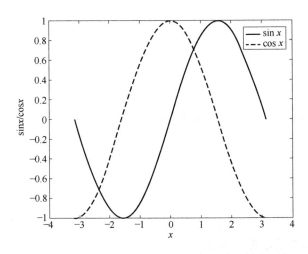

图 2-23 用 hold 命令在坐标轴内画出两个函数的图像

4. 创建多个图像窗口

Matlab 可以创建多个图像窗口，每个窗口都有不同的数据。用图像数来区分这些图像窗口，图像数是一个小的正整数。第一个图像窗口为图 1，第二个图像窗口为图 2，依此类推。这些窗口中的一个称为当前图像窗口，所有的新的画图命令将会展示在该窗口中。

用 figure 函数来选择当前窗口。这个函数的格式为：**figure(n)**，其中 n 代表图像数。当执行这个函数后，会变为当前图像；当前图像也可以用鼠标单击选择。如果图像窗口不存在，那么 Matlab 会自动创建。

gcf 函数用于返回当前图像数。当需要知道当前图像数时，就可把这个函数写入 M 文件中。

下面的命令创建了两个图像窗口，第一个用来显示 $y = e^x$ 的图像，第二个用来显示 $y = e^{-x}$ 的图像：

```
figure(1);
x = x:0.05:2;
y1 = exp(x);
plot(x,y1);
figure(2);
y2 = exp(-x);
plot(x,y2);
```

5. 子窗口

如果要在一个图像窗口显示多幅图形，就需创建多个子图像。创建子图像的命令为 subplot，其格式如下：

$$subplot(m,n,p)$$

这个命令在当前图像窗口创建了 $m \times n$ 个子图像，按 m 行、n 列排列，并选择子图像 p 来接受当前所有画图命令。

这些子图像以从左向右、从上到下编号。例如，subplot（2，3，4）是将图形窗口划分成 2 行 3 列 6 个子图小窗口，显示第 4 个子图窗口。

如果 subplot 命令创建的新坐标系与原来的坐标系相冲突，那么原来的坐标系将会被自动删除。

下面两个例子展示了 subplot 函数的应用，并在图 2-24 和图 2-25 中显示执行结果。

示例 1：

```
x = linspace(0,10);
y1 = sin(x);
y2 = sin(2 * x);
y3 = sin(4 * x);
y4 = sin(8 * x);
figure
subplot(2,2,1)
```

```
plot(x,y1)
title('Subplot 1:sin(x)')

subplot(2,2,2)
plot(x,y2)
title('Subplot 2:sin(2x)')

subplot(2,2,3)
plot(x,y3)
title('Subplot 3:sin(4x)')

subplot(2,2,4)
plot(x,y4)
title('Subplot 4:sin(8x)')
```

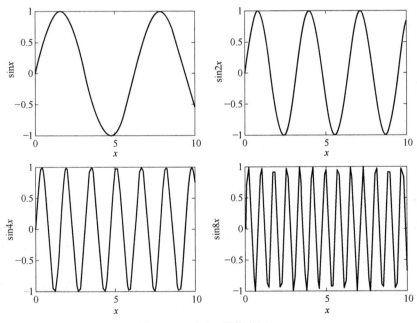

图 2-24   subplot 函数应用一

示例 2:

```
x = linspace(-3.8,3.8);
y_cos = cos(x);
y_poly = 1 - x.^2./2 + x.^4./24;
figure
subplot(2,2,1);
plot(x,y_cos);
title('Subplot 1:Cosine')
```

```
subplot(2,2,2);
plot(x,y_poly,'g');
title('Subplot 2:Polynomial')

subplot(2,2,[3,4]);
plot(x,y_cos,'b',x,y_poly,'g');
title('Subplot 3 and 4:Both')
```

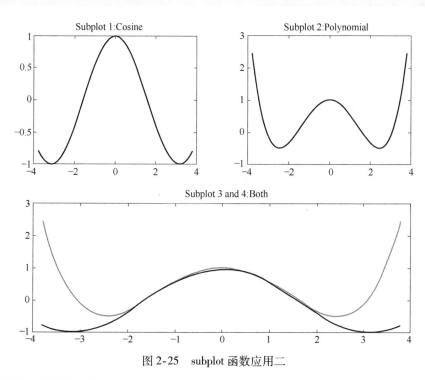

图 2-25　subplot 函数应用二

6. 对画线的增强控制

格式如下：

$$plot(\,x\,,y\,,'PropertyName'\,,value\,,\ldots\,)$$

PropertyName 的含义见表 2-13。

表 2-13　对画线的增强控制

属性	说　明
LineWidth	用来指定线的宽度
MarkerEdgeColor	用来指定标识表面的颜色
MarkerFaceColor	填充标识的颜色
MarkerSize	指定标识的大小

```
x = -pi:pi/10:pi;
y = tan(sin(x)) - sin(tan(x));
figure
```

```
plot(x,y,'--gs',...
    'LineWidth',2,...
    'MarkerSize',10,...
    'MarkerEdgeColor','b',...
    'MarkerFaceColor',[0.5,0.5,0.5])
```

下面的命令画出一幅图像，曲线的宽度为 2，颜色为黑色，标识的宽度为 6，每个标识为红色边缘和绿色内核，如图 2-26 所示。

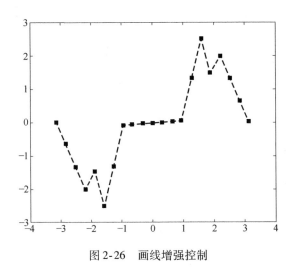

图 2-26　画线增强控制

7. 极坐标图像

Matlab 中有一个重要的函数 polar，它用于在极坐标系中画图。这个函数的基本格式如下：

$$polar(theta,r)$$

其中，theta 代表一个弧度角数组；r 代表一个距离数组。它用来画以角度为自变量的函数的极坐标图形。

例如，在极坐标系中画出心形麦克风。为舞台表演设计的麦克风大多是定向麦克风，它能够增大来自演唱者的信号，抑制后面观众的噪声信号。一个心形麦克风的增益 $gain$ 是关于角度 θ 的函数，关系式为 $gain = 2g(1 + \cos\theta)$。其中，$g$ 是和特定的心形麦克风有关的常量；θ 是声源和麦克风之间的夹角。假设一个麦克风的 g 是 0.5，画出函数 $gain$ 的极坐标图形。结果如图 2-27 所示。因为得出曲线的形状像颗心，所以这种麦克风叫作心形麦克风。

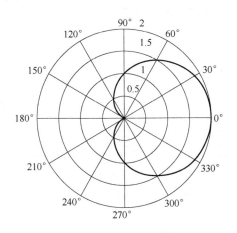

图 2-27　极坐标作图

```
g = 0.5;
theta = 0:pi/20:2 * pi;
gain = 2 * g * (1 + cos(theta));
polar(theta,gain,'r - ');
title('Gain versus angle \it\theta');
```

关于作图，还有更多的操作，以后将陆续讲解，要想掌握更多的技巧和方法，还需多练习和学习。

2.4　Matlab 程序设计

本节将向大家介绍 Matlab 语句，使用这些语句可以控制程序执行顺序。有两大类控制语句执行顺序的结构：选择结构，用于选择执行特定的语句；循环结构，用于重复执行特定部分的语句。

2.4.1　关系运算符和逻辑运算符

选择结构的运算是由表达式控制的，这个表达式的结果只有 true(1) 和 false(0) 两种。有两种形式的运算符可以得到 true 和 false，即关系运算符和逻辑运算符。

与 C 语言一样，Matlab 没有布尔型和逻辑数据类型。Matlab 把 0 值作为结果 false，把所有的非 0 值作为结果 true。

1. 关系运算符

关系运算符是指两数值或字符操作数的运算符，这种运算会根据两操作数的关系产生结果 true 或 false。关系运算的基本形式如下：

$$a1 \ op \ a2$$

其中，a1 和 a2 可以是算术表达式、变量或字符串；op 代表表 2-14 中的关系运算符中的一个。

如果两者的关系为 true 时，那么这个运算将会返回 1；否则将会返回 0。

表 2-14　关系运算符

运　算　符	运　　　算
==	关系等于
~=	不等于
>	大于
>=	大于等于
<	小于
<=	小于等于

下面是关系运算及其运算结果。

运算	结果
3 < 4	1
3 <= 4	1
3 == 4	0
3 > 4	0
4 <= 4	1
'A' < 'B'	1

最后一个运算得到的结果为 1，是因为字符之间的求值要按照字母表的顺序。

关系运算符也可以用于标量与数组的比较。设 $a = \begin{bmatrix} 1 & 0 \\ -2 & 1 \end{bmatrix}$ 和 $b = 0$，那么表达式 $a > b$ 将产生结果 $\begin{bmatrix} 1 & 0 \\ 0 & 1 \end{bmatrix}$。关系运算符也可以比较两个数组，只要两个数组具有相同的形，若 $a = \begin{bmatrix} 1 & 0 \\ -2 & 1 \end{bmatrix}$，$b = \begin{bmatrix} 0 & 2 \\ -2 & -1 \end{bmatrix}$，表达式 $a >= b$ 将会产生结果 $\begin{bmatrix} 1 & 0 \\ 1 & 1 \end{bmatrix}$，如果这两个数组具有不同的形，那么运行时将会产生错误。

因为字符串实际上是字符的数组，关系运算符也可以比较两个相同长度的字符串。如果它们有不同的长度，比较运算将会产生错误。等于关系运算符由两个等号组成，而赋值运算符只有一个等号。它们是完全不同的两个符号，使用时极易混淆。符号 "==" 是一个比较运算符，返回一个逻辑数，而符号 "=" 是将等号右边的表达式的值赋予左边的变量。当进行比较运算时，注意不要误用 "="。

编程隐患：

小心不要混淆了等于关系运算符（==）和赋值运算符（=）。

在运算的层次中，关系运算在所有数学运算之后进行。所以，下面两个表达式是等价的，均产生结果 1：

$$7 + 3 < 2 + 11$$
$$(7 + 3) < (2 + 11)$$

2. 逻辑运算符

逻辑运算符是联系一个或两个逻辑操作数并能产生一个逻辑结果的运算符，包括 3 个二元运算符 [& （与）、| （或）和 xor（异或）] 和一个一元运算符 [~（非）]。二元逻辑运算的基本形式为：l_1 op l_2，一元逻辑运算的基本形式为：op l_1。

l_1 和 l_2 代表表达式或变量，op 代表表 2-15 中的逻辑运算符。如果 l_1 和 l_2 的逻辑运算关系为 true，那么运算将会返回 1，否则将会返回 0。

表 2-15   逻辑运算符

运 算 符	运 算
&	逻辑与
		逻辑或
xor	逻辑异或
~	逻辑非

运算结果总结在表 2-16 中，该表展示每种运算所有可能的结果。如果一个数的值不为 0，那么 Matlab 把它看作 true，如果它为 0，则看作 false。所以 ~5 的结果为 0，~0 的结果为 1。

表 2-16　逻辑运算真值表

输入		与	或	异或	非
l_1	l_2	$l_1 \& l_2$	$l_1 \mid l_2$	xor (l_1, l_2)	$\sim l_1$
0	0	0	0	0	1
0	1	0	1	1	1
1	0	0	1	1	0
1	1	1	1	0	0

标量和数组之间也可进行逻辑运算。设 $a = \begin{bmatrix} 1 & 0 \\ 0 & 1 \end{bmatrix}$，$b = 0$，那么表达式 $a\&b$ 将会产生结果 $\begin{bmatrix} 0 & 0 \\ 0 & 0 \end{bmatrix}$，两数组之间也可进行逻辑运算，只要它们具有相同的形。若 $a = \begin{bmatrix} 1 & 0 \\ 0 & 1 \end{bmatrix}$，$b = \begin{bmatrix} 1 & 1 \\ 0 & 0 \end{bmatrix}$，则 $a \mid b$ 产生结果 $\begin{bmatrix} 1 & 1 \\ 0 & 1 \end{bmatrix}$。如果两个数组的形不相同，那么将会产生错误。

在运算的顺序中，逻辑运算在所有的数学运算和关系运算之后进行。

3. 逻辑函数

Matlab 中有大量的逻辑函数，在条件满足时返回 1，条件不满足时返回 0。这些函数同逻辑运算和关系运算联合再组成选择结构和循环结构。表 2-17 列出了一些逻辑函数。

表 2-17　Matlab 逻辑函数

函　　数	用　　途
ischar (a)	a 是字符数组返回 1，否则返回 0
isempty (a)	a 是空数组返回 1，否则返回 0
isinf (a)	a 是无穷大返回 1，否则返回 0
isnan (a)	a 不是一个数返回 1，否则返回 0
isnumeric (a)	a 是一个数值数组返回 1，否则返回 0、

2.4.2　选择结构

选择结构可以使 Matlab 有选择地执行指定区域内的代码（称之为语句块 blocks），而跳过其他区域的代码。选择结构在 Matlab 中有 3 种具体的形式，即 if 结构、switch 结构和 try/catch 结构。

1. if 结构

if 结构的基本形式如下：

```
if control_expr_1
Statement 1 ⎫
           ⎬ block1
Statement 2 ⎭
...
elseif control_expr_2
Statement 1 ⎫
           ⎬ block2
Statement 2 ⎭
...
else
Statement 1 ⎫
           ⎬ block3
Statement 2 ⎭
...
end
```

其中控制表达式（control expression）控制 if 结构的运算。如果 control_expr_1 的值非 0，那么程序将会执行语句块 1（block1），然后跳到 end 后面的第一个可执行语句继续执行；否则，程序将会检测 control_expr_2 的值。如果 control_expr_2 的值非 0，那么程序将会执行语句块 2（block2），然后跳到 end 后面的第一个可执行语句继续执行。如果所有的控制表达式均为 0，那么程序将会执行与 else 相关的语句块。

在一个 if 结构中，可以有任意个 elseif 语句，但 else 语句只有一个。只有上面每个控制表达式均为 0，那么下一个控制表达式才会被检测。一旦其中的一个表达式的值非 0，对应的语句块就要被执行，然后直接跳到 end 后面的第一个可执行语句继续执行。如果所有的控制表达式均为 0，那么程序将会执行 else 语句。如果没有 else 语句，程序将会执行 end 后面的语句，而不执行 if 结构中的语句。

> **注意：**
> Matlab 在 if 结构中的关键字 end 与 2.2 节数组中提到的返回已知下标最大值函数 end 完全不同，Matlab 是通过 end 在 M 文件中的上下文来区分开它的两个用途的。大多数情况下，控制表达式均可以联合关系运算符和逻辑运算符。当对应的条件为真时，关系运算和逻辑运算将会产生 1；否则产生 0。所以，当运算结果为非 0，则对应的语句块就会被执行。

> **好的编程习惯：**
> if 结构体经常缩进 2~3 个空格，以增强程序的可读性。

例 2.1   求一元二次方程的根。

步骤 1   打开 Script 文件，在 Command Window 中输入 edit 命令或按 "Ctrl + N" 组合键。

步骤 2   在 edit 文件中输入下述命令：

```
% Script file:calc_roots.m
%
% 目的和作用：
```

```
% 该程序是为了求解形如 a * x^2 + b * x + c = 0 的一元
% 二次方程的实数根
%
%
% 变量定义:
% a——一元二次方程 x^2 项的系数
% b——一元二次方程 x 项的系数
% c——一元二次方程的常数项
% delta——方程的判断系数
% x1——第一个实数根
% x2——第二个实数根
%
%
% 对方程系数的描述
disp('该代码解决的是求解一元二次方程实数根');
disp('方程的一般形式为 a * x^2 + b * x + c = 0.');
a = input('输入二次项系数 a:');
b = input('输入一次项系数 b:');
c = input('输入常数项 c:');
% 计算判别系数
delta = b^2 - 4 * a * c;
% 方程的根依赖于 delta 的值
if delta > 0    % 有两个实数根
x1 = (-b + sqrt(delta))/(2 * a);
x2 = (-b - sqrt(delta))/(2 * a);
disp('该方程有两个实数根:');
fprintf('x1 = % f\n', x1);
fprintf('x2 = % f\n', x2);
elseif delta == 0    % 有两个相等的实数根
x1 = (-b)/(2 * a);
disp('该方程有两个相等的实数根:');
fprintf('x1 = x2 = % f\n', x1);
else    % 没有实数根
disp('该方程无实数根');
end
```

步骤 3　保存 Script 文件。将上述文件保存为 calc_roots。

> **注意:**
> ① 文件保存规则与变量相同,即文件名只能使用字母、数字和下划线。
> ② 文件名必须以字母开头。
> ③ 文件名不能与文件里面的代码变量名相同。

步骤 4 运行和调试 Script 文件。在相应的文件中直接按 F5 键或在 Command Window 中直接输入文件名称。

```
>>calc_roots
```

由于该 if 结构共有三分支，故每分支都需要调试。

用上面的代码分别计算 $x^2 + 5x + 6 = 0$ 和 $x^2 + 4x + 4 = 0$ 以及 $x^2 + 2x + 5 = 0$ 的实数根，代码如下：

```
>> calc_roots
该代码解决的是求解一元二次方程实数根
方程的一般形式为 a*x^2 + b*x + c=0
输入二次项系数 a:1
输入一次项系数 b:5
输入常数项 c:6
该方程有两个实数根：
x1 = -2.000000
x2 = -3.000000
>> calc_roots
该代码解决的是求解一元二次方程实数根
方程的一般形式为 a*x^2 + b*x + c=0.
输入二次项系数 a:1
输入一次项系数 b:4
输入常数项 c:4
该方程有两个相等的实数根：
x1 = x2 = -2.000000
>> calc_roots
该代码解决的是求解一元二次方程实数根
方程的一般形式为 a*x^2 + b*x + c=0.
输入二次项系数 a:1
输入一次项系数 b:2
输入常数项 c:5
该方程无实数根
```

if 结构是非常灵活的，它必须含有一个 if 语句和一个 end 语句。中间可以有任意个 elseif 语句，也可以有一个 else 语句。结合它的这些特性，可以创建出所需要的各种各样的选择结构。

if 语句嵌套。如果 if 结构完全是另一个 if 结构的一个语句块，就称两者为嵌套关系。下面是两个 if 语句的嵌套：

```
if x > 0
...
   if y < 0
...
```

```
    end
...
   end
```

Matlab 编译器经常把已知的 end 语句和离它最近的 if 语句联合在一起，所以第一个 end 语句和"if y < 0"最接近，而第二个 end 与"if x > 0"最接近。对于一个编写正确的程序，它能工作正常。但如果程序员编写出错误，将会使编译器出现混淆性错误信息提示。

假设编写一个大的程序，包括以下结构：

```
 ...
 if(test1)
  ...
  if(test2)
   ...
    if(test3)
     ...
    end
    ...
   end
   ...
  end
```

这个程序包含 3 个嵌套的 if 结构，在这个结构中可能有上千行的代码。现在假设第一个 end 在编辑区域突然被删除，那么 Matlab 编译器将会自动将第二个 end 与最里面的"if（test3）"结构联合起来，第三个 end 将会和"if（test2）"联合起来。当编译器翻译到达文件结束时，将发现"if（test1）"结构永远不会结束，然后编译器就会产生一个错误提示信息，即缺少一个 end。但是，它不能告诉你问题发生在什么地方，这就使我们必须回过头去看整个程序，查找问题。

大多数情况下，执行一个算法，既可以用多个 elseif 语句，也可以用 if 语句的嵌套。在这种情况下，程序员可以选择他喜欢的方式。

2. switch 结构

switch 结构是另一种形式的选择结构。程序员可以根据一个单精度整型数、字符或逻辑表达式的值来选择执行特定的代码语句块。

```
switch(switch_expr)
case case_expr_1,
Statement 1 ┐
            ├ Block 1
Statement 2 ┘
...
case case_expr_2
```

```
Statement 1
Statement 2 } Block 2
...
otherwise,
Statement 1
Statement 2 } Block n
...
end
```

如果 switch_expr 的值与 case_expr_1 相符，那么第一个代码块将会被执行，然后程序将会跳到 switch 结构后的第一个语句。如果 switch_expr 的值与 case_expr_2 相符，那么第二个代码块将会被执行，然后程序将会跳到 switch 结构后的第一个语句。在这个结构中，用相同的方法来对待其他的情况。otherwise 语句块是可选的，如果它存在的话，当 switch_expr 的值与所有的 case_expr 都不相符时，otherwise 语句块将会被执行。如果它不存在，且 switch_expr 的值与所有的 case_expr 都不相符，那么这个结构中的任何一个语句块都不会被执行。这种情况下的结果可以看作没有选择结构，直接向后执行 Matlab 语句。

如果说 switch_expr 有很多值可以导致相同代码的执行，那么这些值可以括在同一括号内，如下所示。如果这个 switch 表达式和括号内任何一个表达式相匹配，那么这个语句块将会被执行。

```
switch(switch_expr)
case {case_expr_1, case_expr_2, case_expr_3},
Statement 1
Statement 2 } Block 1
...
otherwise,
Statement 1
Statement 2 } Block n
...
end
```

switch_expr 和每个 case_expr 既可以是数值，也可以是字符值。

注意，在大多数情况下只有一个语句块会被执行。当一个语句块被执行后，编译器就会跳到 end 语句后的第一个语句开始执行。如果 switch 表达式和多个 case 表达式相对应，那么只有它们中的第一个会被执行。

例 2.2　编写一个学生成绩管理程序。将学生成绩按 6 个等级划分，包括满分（100）、优秀（90 以上）、良好（80~89）、中等（70~79）、及格（60~69）和不及格（59 以下）对输入的学生成绩按 6 个等级划分后，打印学生姓名、得分、等级。

```
clear
for i =1:10
```

```
     a{i}=89+i;
     b{i}=79+i;
     c{i}=69+i;
     d{i}=59+i;
end
Name=input('please input name:');
Score=input('please input score:');
n=length(Score);
Rank=cell(1,n);
S=struct('Name',Name,'Score',Score,'Rank',Rank);
for i=1:n
   switch S(i).Score
     case 100
       S(i).Rank='满分';
     case a
       S(i).Rank='优秀';
     case b
       S(i).Rank='良好';
     case c
       S(i).Rank='中等';
     case d
       S(i).Rank='及格';
     otherwise
       S(i).Rank='不及格';
   end
end
disp(['学生姓名   ','得分   ','等级']);
for i=1:n
   disp([S(i).Name,blanks(6),num2str(S(i).Score),blanks(6),S(i).Rank]);
end
```

保存为 Script 文件并命名为 grade. m，运行调试：

```
>> grade
please input name:{'li','ding','xu','yan','he','liu'}
please input score:{100 91 75 86 54 60}
学生姓名   得分   等级
li         100    满分
ding       91     优秀
xu         75     中等
yan        86     良好
he         54     不及格
liu        60     及格
```

3. try/catch 结构

try/catch 结构是选择结构的一种特殊形式，用于捕捉错误。一般地，当一个 Matlab 程序在运行时遇到了错误，程序就会中止执行。try/catch 结构修改了这个默认行为。如果错误发生在这个结构的 try 语句块中，那么程序将会执行 catch 语句块，程序不会中断。该语句将帮助程序员控制程序中的错误，而不必使程序中断。

try/catch 结构的基本形式如下：

```
try
  Statement 1 ⎫
  Statement 2 ⎬ Try Block
            ⎭
  ...
catch
  Statement 1 ⎫
  Statement 2 ⎬ Catch Block
            ⎭
  ...
end
```

当程序运行到 try/catch 语句块时，在 try 语句块中的一些语句将会被执行。如果没有错误出现，catch 语句块将会被跳过。另外，如果错误发生在 try 语句块，那么程序将中止执行 try 语句块，并立即执行 catch 语句块。

下面有一个包含 try/catch 结构的程序，它能创建一个数组，并询问用户显示数组中的哪个元素。用户提供一个下标，这个程序将会显示对应的数组元素。try 语句块一般会在这个程序中执行，只有当 try 语句块执行出错时，catch 语句块才会被执行。

```
% 初始化数组变量
a = [ 1 -3 2 5];
try
% Try to 展示一个元素
index = input('Enter subscript of element to display:');
disp(['a(' int2str(index) ') =' num2str(a(index))]);
catch
% 下标超出
disp(['Illegal subscript:' int2str(index)]);
end
```

这个程序的执行结果如下：

```
>> try_catch
Enter subscript of element to display:3
a(3) =2
>> try_catch
```

```
Enter subscript of element to display:8
Illegal subscript:8
```

2.4.3　循环结构

循环（Loop）是一种 Matlab 结构，它允许多次执行一系列的语句。循环结构有两种基本形式，即 while 循环和 for 循环。两者之间的最大不同在于代码的重复是如何控制的。在 while 循环中，代码的重复次数是不能确定的，只要满足用户定义的条件，重复就进行下去。在 for 循环中，代码的重复次数是确定的，在循环开始之前就知道代码重复的次数了。

1. while 循环

只要满足一定的条件，while 循环是一个重复次数不能确定的语句块。它的基本形式如下：

```
while expr
...
...  }code block
...
end
```

如果 expr 的值非 0（true），程序将执行代码块（code block），然后返回到 while 语句执行。如果 expr 的值仍然非 0，那么程序还会再次执行代码，直到 expr 的值变为 0，这个重复过程才能结束。当程序执行到 while 语句且 expression 的值为 0 后，程序将会执行 end 后面的第一个语句。

例 2.3　使用欧几里得算法求两个整数的最大公约数，伪代码如下：

```
输入:正整数 m 和 n
if m < n
交换 m 和 n
end
while n! = 0
r = mod(m,n);
m = n;
n = r;
end
输出 m
```

在 Matlab 中输入：

```
m = input('请输入第一个非负整数:');
n = input('请输入第二个非负整数:');
if m > = 0&n > = 0&m == fix(m)&n == fix(n)
  a = m;b = n;
```

```
if m < n
    t = m;
    m = n;
    n = t;
end
while n
    r = mod(m,n);
    m = n;
    n = r;
end
fprintf('%d 和 %d 的最大公约数为:%d\n',a,b,m);
else
    error('输入错误,输入必须为非负整数,请重新运行程序');
end
```

2. for 循环

for 循环结构是另一种循环结构,它以指定的次数重复地执行特定的语句块。for 循环的形式如下:

```
for index = expr
    Statement 1
    ...          } Body
    Statement n
end
```

其中 index 是循环变量(即循环指数),expr 是循环控制表达式。变量 index 读取的是数组 expr 的列数,然后程序执行循环体(Body),所以 expr 有多少列,循环体就循环多少次。expr 经常用冒号表达式的方式,即 first:incr:last。

在 for 和 end 之间的语句称为循环体。在 for 循环运行的过程中,它将被重复执行。for 循环结构函数如下。

1)在 for 循环开始时,Matlab 产生了控制表达式。

2)第一次进入循环,程序把循环控制表达式的第一列赋值于循环变量 index,然后执行循环体内的语句。

3)在循环体的语句被执行后,程序把循环控制表达式的下一列赋值于循环变量 index,程序将再一次执行循环体语句。

4)只要在循环控制表达式中还有剩余的列,步骤 3)将会重复执行。下面举几个例子来说明 for 循环语句。

示例1　观察下面语句:

```
for ii = 1:10
    Statement 1
    ...
```

```
    Statement n
 end
```

在这种情况下，控制表达式产生一个 1×10 数组，所以语句 $1 \sim n$ 将会被重复执行 10 次。循环指数 ii 在第一次执行时是 1，第二次执行时为 2，依此类推，当最后一次执行时，循环指数为 10。在第十次执行循环体之后，再也没有新的列赋值给 ii，程序将会执行 end 语句后面的第一句。注意，循环体在最后一次执行后，循环指数将会一直为 10。

示例 2　观察下面语句：

```
for ii =1:2:10
Statement 1
...
Statement n
end
```

在这种情况下，控制表达式产生一个 1×5 数组，所以语句 $1 \sim n$ 将会执行 5 次。循环指数 ii 在第一次执行时为 1，第二次执行时为 3，依此类推，最后一次执行时为 9。在第五次执行循环体之后，再也没有新的列赋值给 ii，程序将会执行 end 语句后面的第一句。注意，循环体在最后一次执行后，循环指数将会一直为 9。

示例 3　观察下面语句：

```
for ii =[5 9 7]
Statement 1
...
Statementn
end
```

在这里，控制表达式是一个直接写出的 1×3 数组，所以语句 $1 \sim n$ 将会执行 3 次，循环指数 ii 在第一次执行时为 5，第二次执行时为 9，第三次执行时为 7。循环指数在循环结束之后一直为 7。

示例 4　观察下列语句：

```
for ii =[1 2 3; 4 5 6]
Statement 1
...
Statement n
end
```

控制表达式是一个直接写出的 2×3 数组，所以语句 $1 \sim n$ 将会执行 3 次，循环指数 ii 在第一次执行时为列向量 $\begin{bmatrix} 1 \\ 4 \end{bmatrix}$，第二次执行时为 $\begin{bmatrix} 2 \\ 5 \end{bmatrix}$，第三次执行时为 $\begin{bmatrix} 3 \\ 6 \end{bmatrix}$。这个例子说明循环指数可以为向量。

例 2.4   阶乘（factorial）函数。

这里用求阶乘运算来说明 for 循环结构。计算 n 的阶乘的 Matlab 代码如下：

```
n_factorial = 1
for ii = 1 :n
n_factorial = n_factorial * ii;
end
```

如果 n 为 5，for 循环控制表达式将会产生行向量 [1 2 3 4 5]。这种循环将会执行 5 次，ii 值按先后顺序依次为 1、2、3、4、5。n_factorial 最终的计算结果为 $1 \times 2 \times 3 \times 4 \times 5 = 120$。

例 2.5   输入一系列的测量数，计算它们的平均数和标准差。这些数可以是正数、负数或零。

这个程序必须能够读取大量数据。首先要求用户给出输入值的个数，然后用 for 循环读取所有数值。

下面的程序允许各种输入值，请自行验证程序中，3、−1、0、1、−2 这 5 个输入值的平均数和标准差。

```
% Script file:mean_std. m
%
% 目的:
% 计算一组测量值的平均值和标准差
% 这组数可以是正数、负数和零
%
% 编写和修改日期:
% % =================================
%
%
% 变量说明:
% ii 循环指数
% n 测量数据个数
% std_dev 标准差
% sum_x 数据的和
% sum_x2 数据的平方和
% x 输入的数据
% xbar 数据的平均值
% 初始化和
sum_x = 0; sum_x2 = 0;
% 得到输入的数据个数
n = input('Enter number of points:');
% 检查数据输入个数是否小于 2
if n < 2 % 数据个数不够
    disp('至少需要输入两个数据');
```

```
else % 数据个数大于等于2,开始计算
    % 循环读取数据
    for ii = 1:n
            % 依次读取数据
            x = input('请输入数据:');
            % 累计求和
            sum_x = sum_x + x;
            sum_x2 = sum_x2 + x^2;
    end
    % 开始统计计算
    x_bar = sum_x / n;
    std_dev = sqrt((n * sum_x2 - sum_x^2)/(n * (n - 1)));
    % 展示输出结果
    fprintf('这组数据的平均值为:%f\n', x_bar);
    fprintf('这组数据的标准差为:%f\n', std_dev);
    fprintf('这组数据的个数为:%d\n', n);
end
```

在用 for 循环时，必须检查许多重要的细节：是否有必要缩进 for 循环的循环体。即使所有语句都左对齐，Matlab 程序也能识别出这个循环。但缩进循环体能增强代码的可读性，所以建议大家缩进循环体。

好的编程习惯：
对于 for 循环体总是要缩进两个或更多空格，这样以增强程序的可读性。

在 for 循环中，不能随意修改循环指数，循环指数常被用于计算。如果修改了循环指数将会导致一些奇怪而难以发现的错误。下面的语句将初始化一个函数的数组。但是语句"ii = 5"的突然出现，导致只有 a(5) 得到了初始化，它得到了本应赋给 a(1)，a(2) 等的值。

```
for ii = 1:10
...
ii = 5; % Error!
...
a(ii) = <calculation>
end
```

好的编程习惯：
在循环体中绝不修改循环指数的值。

1) 在 2.2 节已经学过，用赋值的方法可以扩展一个已知的数组。语句：

```
arr = 1:4;
```

定义了一个数组［1 2 3 4］。如果执行语句：

```
arr(8) =6;
```

将会产生一个八元素数组［1 2 3 4 0 0 0 6］。不幸的是，每次扩展数组都要执行以下步骤：①创建一个新数组；②把旧数组的元素复制到新数组中；③把扩展的元素写入新数组；④删除旧数组。对于大数组来说，这些步骤是相当耗时的。

当一个 for 循环中存储了一个预先未定义的数组时，在第一次循环执行时，循环结构迫使 Matlab 重复执行以上步骤。然而，如果在循环开始之前数组预先分配了数组的大小，那么复制就不需要了，执行代码的速度也将加快。

> **好的编程习惯：**
> 在循环执行开始之前，总是要预先分配一个数组，这样能大大增加循环运行的速度。

2）用 for 循环和向量计算是非常常见的。下面的代码就是用 for 循环计算 1～100 之间的所有整数的平方、平方根、立方根。

```
for ii =1:100
square(ii) =ii^2;
square_root(ii) =ii ^(1/2);
cube_root(ii) =ii ^(1/3);
end
```

下面的代码片段是用向量计算上面的问题：

```
ii =1:100;
square =ii^2;
square_root =ii^(1/2);
cube_root =ii^(1/3);
```

尽管两种算法得到了相同的结果，但两者并不等价。因为 for 循环算法比向量算法慢 15 倍还多。这是由于 Matlab 进行每次循环时，每行都要翻译执行一次。也相当于 Matlab 翻译执行了 300 行代码；相反，如果用向量算法，Matlab 只需要翻译执行 4 行代码即可。所以，用向量语句的执行速度非常快。

向量算法的缺点是需要很大的内存，因为需要创建一些间接数组，但这只是一小点损失，所以要比 for 循环算法好得多。

在 Matlab 中，用向量算法代替循环算法的过程称为**向量化编程**。向量化能够优化许多 Matlab 程序。

> **好的编程习惯：**
> 那种既可以用向量解决的问题，也可以用循环解决的问题，最好用向量解决，因为向量执行的速度快。

例 2.6　为了比较循环和向量算法执行程序所用的时间，分别用这两种方法编程，测试 3 个运算所花的时间。

1）用 for 循环计算 1 ~ 10000 之间的每个整数的平方，而事先不初始化平方数组。

2）用 for 循环计算 1 ~ 10000 之间的每个整数的平方，而事先初始化平方数组。

3）用向量算法计算 1 ~ 10000 之间的每个整数的平方。

用上面提供的 3 种方式编程计算出 1 ~ 10000 之间的每个整数的平方，并测试每个种算法的时间。测试时间要用到 Matlab 函数 tic 和 toc。tic 函数复位内建计时器，而 toc 函数则从最后一次调用 tic 时以秒开始计时。

因为许多计算机的时间钟是相当粗略的，所以有必要多运行几次以获得相应的平均数。

下面就是用 3 种方法编写的 Matlab 程序：

```
% Script file:timings.m
%
% 目的：
% 该程序用于比较 Matlab 3 种编程方法使用的时间
% 通过计算 1 ~ 10000 之间数的平方
%
% 1. 使用 for 循环但没有初始化数组
% 2. 使用 for 循环但初始化数组
% 3. 使用向量化编程
%
% 程序编写及修改时间：
%
% 声明变量：
% ii, jj 循环指数
% average1 第一种编程方法平均时间
% average2 第二种编程方法平均时间
% average3 第三种编程方法平均时间
% maxcount 循环的最大次数
% square 平方数组
%
%
% 由于没有初始化数组的循环速度比较慢
% 为了方便程序运行,故只运行一次
% 即没有初始化数组的循环,最大循环次数设置为 1
maxcount = 1; % 一次重发
tic; % 开始计时
for jj = 1:maxcount
        clear square % 清除结果数组
        for ii = 1:10000
                square(ii) = ii^2; % 计算平方
```

```
        end
end
average1 = (toc)/maxcount; % 计算平均时间
% 在重新计算之前,先清除结果的平方数组
% 这种方法重复 10 次,计算平均时间
maxcount =10; % 重复次数
tic; % 开始计时
for jj =1:maxcount
        clear square % 清除结果数组
        square = zeros(1,10000); % 初始化一个 1x10000 的零数组
        for ii =1:10000
                square(ii) =ii^2; % 计算平方
        end
end
average2 = (toc)/maxcount; % 计算平均时间
% 使用向量进行编程
% 重复 100 次计算平均时间
maxcount =100; % 重复次数
tic; % 开始计时
for jj =1:maxcount
        clear square % 清除结果数组
        ii =1:10000; % 设置向量
        square = ii.^2; % 数值运算
end
average3 = (toc)/maxcount; % 计算平均时间
% 展示结果
fprintf('循环 / 未初始化数组时间 =%8.4f\n', average1);
fprintf('循环 / 初始化数组时间 =%8.4f\n', average2);
fprintf('向量化编程时间 =%8.4f\n', average3);
```

3. break 和 continue 语句

break 和 continue 语句可以控制 while 和 for 循环。break 语句中止循环的执行并跳转到 end 后面的第一句执行，而 continue 只中止本次循环，然后返回循环的顶部。如果 break 语句在循环体中执行，那么循环体的执行中止，然后执行循环体后的第一个可执行语句。用在 for 循环中的 break 语句的示例如下。

程序执行的结果如下：

```
%test_break.m
for ii =1:5;
if ii ==3;
break;
```

```
end
fprintf('ii = %d \n', ii);
end
disp('End of loop! ');
>> test_break
ii = 1
ii = 2
End of loop!
```

注意，break 语句在 ii 为 3 时执行，然后执行 disp('End of loop!') 语句，不执行 fprintf('ii = %d \n', ii) 语句。

continue 语句只中止本次循环，然后返回循环的顶部。在 for 循环中的控制变量将会更新到下一个值，循环将会继续进行。

例 2.7　for 循环中的 continue 语句：

```
% test_continue. m
for ii = 1:5;
if ii == 3;
continue;
end
fprintf('ii = %d \n', ii);
end
disp('End of loop! ');
```

程序运行的结果为：

```
>> test_continue
ii = 1
ii = 2
ii = 4
ii = 5
End of loop!
```

注意，continue 语句在 ii 为 3 时执行，然后程序返回循环的顶部，不执行 fprintf 语句。break 和 continue 语句可用在 while 循环和 for 循环中。

4. 循环嵌套

如果一个循环完全出现在另一个循环中，称这两个循环为带嵌套的循环。

例 2.8　用两重 for 循环嵌套来计算。

```
for ii = 1:3
    for jj = 1:3
        product = ii * jj;
```

```
            fprintf('%d * %d = %d \n',ii,jj,product);
        end
    end
```

在这个例子中，外部的 for 循环将把 1 赋值于循环指数 ii，然后执行内部 for 循环。内部循环的循环体将被执行 3 次，它的循环指数 jj 会先后被赋值为 1、2、3。当完全执行完内部的循环后，外部的 for 循环将会把 2 赋值于循环指数 ii，然后内部的 for 循环将会再次执行。直到外部 for 循环执行 3 次，这个重复过程结束。程序运行的结果为：

```
1 * 1 = 1
1 * 2 = 2
1 * 3 = 3
2 * 1 = 2
2 * 2 = 4
2 * 3 = 6
3 * 1 = 3
3 * 2 = 6
3 * 3 = 9
```

注意，外部 for 循环指数变量增加之前，内部 for 循环要完全执行完。

当 Matlab 遇到一个 end 语句时，它将与最内部的开放结构联合。所以，第一个 end 语句与语句"for jj = 1：3"联合，第二个 end 语句与语句"for ii = 1：3"联合。如果在循环嵌套中一个 end 语句突然被删除，将会产生许多难以发现的错误。

如果 for 循环是嵌套的，那么它们必须含有独立的循环变量。如果它们含有相同的循环变量，那么内部循环将改变外部循环指数的值。

如果 break 或 continue 语句出现在循环嵌套的内部，那么 break 语句在包含它的最内部的循环起作用。

例2.9　在 for 循环嵌套中包含 break 语句。

```
for ii = 1:3
    for jj = 1:3
        if jj == 3;
            break;
        end
        product = ii * jj;
        fprintf('%d * %d = %d \n',ii,jj,product);
    end
    fprintf('End of inner loop\n');
end
fprintf('End of outer loop\n');
```

如果内部循环指数 jj 为 3，那么 break 语句开始执行，这将导致程序跳出内部循环。程序将会打印出"End of inner loop",外部循环指数将会增加 1,内部循环的执行重新开始。产生的输出值如下:

```
1 * 1 = 1
1 * 2 = 2
End of inner loop
2 * 1 = 2
2 * 2 = 4
End of inner loop
3 * 1 = 3
3 * 2 = 6
End of inner loop
End of outer loop
```

2.5   自定义函数

前面利用 Matlab 编写了很多 Script 程序文件。但在实际中,针对一个问题算法,首先需要把算法分解成子问题。然后程序员把这一个个子问题进行再一次分解,直到分解成简单且能够清晰理解的伪代码。最后把伪代码转化为 Matlab 代码。

因此,必须把每个子问题产生的 Matlab 代码嵌入到一个单独的大程序中。在嵌入之前无法对每一个子问题的代码进行独立验证和测试。幸运的是,Matlab 有一个专门的机制,在建立最终的程序之前用于独立地开发与调试每个子程序。每个子程序都能以独立函数的形式进行编程,在这个程序中,每个函数都能独立地检测与调试,而不受其他子程序的影响。良好的函数可以大大提高编程效率。它的好处有以下几个。

(1)子程序的独立检测   每个子程序都可以当作一个独立的单元来编写。在把子程序联合成一个大程序之前,必须检测每个子程序以保证它运转的正确性,这一步就是单元检测。在最后的程序应用之前,它已排除了大量的问题。

(2)代码的可复用性   在许多情况下,一个基本的子程序可应用在程序的许多地方。如在一个程序的许多地方,要求对一系列按由低到高的顺序进行排序。可以编写一个函数进行排序,然后当再次需要排序时可以调用这个函数。可重用性代码有两大好处:它大大提高了整体编程效率,它更易于调试,因为上面的排序函数只需要调试一次。

(3)远离意外副作用   函数通过输入参数列表(input argument list)从程序中读取输入值,通过输出参数列表(output argument list)给程序返回结果。程序中只有在输入参数列表中的变量才能被函数利用。函数中只有输出参数列表中的变量才能被程序利用。这是非常重要的,因为在一个函数中的突发性编程错误只会发生在函数的变量中。一旦一个大程序编写并发行,它要面临的问题就是维护。程序的维护包括修补错误、修改程序以适应新的或未知的环境。做维护工作的程序员一般情况下不会是程序的原作者。如果程序编写得不好,改动一处代码就可能对程序全局产生负面影响。发生这种情况可能是因为变量在其他部分被重新定义或利用。如果程序员改变这个变量,可能会导致后面的程序无法使用。

好的函数应用可以通过数据隐藏使问题最小化。主函数中的变量在函数中是不可见的

（除了在输入变量列表中的变量），主程序中的变量不会被函数任意修改。所以，在函数中改变变量或发生错误不会在程序的其他部分发生意外的副作用。

> **好的编程习惯：**
>   把大的程序分解成函数有很多好处，如程序部分的独立检测、代码的可复用性、避免意想不到的错误。

本节仅通过一个例子简单介绍自定义函数的建立和调试。关于自定义函数的参数和更多应用本节不再介绍，请读者自行学习和体会。

至此我们看到的所有 M 文件都是脚本文件。脚本文件只是用于存储 Matlab 语句。当一个脚本文件被执行时，和直接在命令窗口中输入 Matlab 语句所产生的结果是一样的。脚本文件分享命令窗口中的工作区，所以所有的在脚本文件运行之前定义的变量都可以在脚本文件中运行，所有在脚本文件中创建的变量在脚本文件运行之后仍然存在工作区。一个脚本文件没有输入参数，也不返回结果。但是所有脚本文件可以通过存放在工作空间中的数据进行交互。

相对地，Matlab 函数是一种特殊形式的 M 文件，它运行在独立的工作区。它通过输入参数列表接收输入数据，通过输出参数列表返回结果给输出参数。Matlab 函数的基本形式如下：

```
function [outarg1, outarg2, ...] = fname(inarg1, inarg2, ...)
% H1 comment line
% Other comment lines
...
(Executable code)
...
(return)
```

function 语句标志着这个函数的开始。它指定函数的名称和输入输出列表。输入列表显示在函数名后面的括号中。输出列表显示在等号左边的中括号中（如果只有一个输出参数，中括号可以省略，甚至可以没有输出参数。当没有输出参数时，函数内代码必须包含输出命令）。

输入参数列表是名字的列表，这些名字称为形参。当函数被调用时，它们只是实际参数的占位符而已。相似地，输出参数列表也由形参组成，当函数结束运行时，这些形参是返回到调用者的值的占位符。调用一个函数需要用到实参列表。在命令窗口直接（或在脚本文件中，另一个函数中）输入函数的名字就可以调用这个函数了。当调用一个函数时，第一个实参的值用在第一个形参的位置，而且其余的形参和实参都一一对应。函数的执行从函数的顶部开始，结束于 return 语句或函数的终点。因为在函数执行到结尾就会结束，所以 return 语句在大部分的程序中没有必要使用。在输出参数列表中每个项目都必须出现在 function 语句的左边。当函数返回时，存储于输出函数列表的值就会返回给调用者，用于下一步的运算。

在函数中的初始注释行有特定的目的。function 语句的第一个行注释称为 H1 注释行，它应当是对本函数功能的总结，使用 lookfor 命令该函数能被搜索到并显示出来。从 H1 注释行到第一个空行或第一个可执行语句，可以通过 help 命令或帮助窗口搜索到。注释是使用这个函数的简单总结。

例 2.10　自定义函数 dist2，用于计算笛卡儿坐标系中的点 (x_1, y_1) 与点 (x_2, y_2) 之间的距离。

```
function distance = dist2(x1, y1, x2, y2)
% 该函数用于计算笛卡儿直角坐标系中两点
% (x1, y1) 和 (x2, y2) 的距离
%
% 函数调用方式:
% res = dist2(x1, y1, x2, y2)
%
% 变量声明:
% x1 -- 第一个点的横坐标
% y1 -- 第一个点的纵坐标
% x2 -- 第二个点的横坐标
% y2 -- 第二个点的纵坐标
% distance -- 两点间距离
%
% 函数编写日期:
%
% 计算距离
distance = sqrt((x2 - x1).^2 + (y2 - y1).^2);
```

将上述代码保存为 dist2.m。

> **注意:**
> 对于函数文件而言，有以下几点需遵循。
> ❏ 第一行为引导行（function），表示该 M 文件是函数文件。
> ❏ 函数名的命名规则与变量名相同（必须以字母开头）。
> ❏ 当输出行参多于一个时，用方括号括起来。
> ❏ 函数必须是一个单独的 M 文件。
> ❏ 函数文件保存文件名必须与函数名一致。
> ❏ 以百分号开始的语句为注释语句。

这个函数有 4 个输入参数和 1 个输出参数。运行如下：

```
% Script file:test_dist2.m
%
% 目的:
% 该程序用于测试调用 dist2 函数
%
```

```
% 程序编写日期:
%
% 声明变量:
% ax --a 点的横坐标
% ay --a 点的纵坐标
% bx --b 点的横坐标
% by --b 点的纵坐标
%
% 获取输入数据
disp('计算两点间欧几里得距离:');
ax = input('请输入 a 点的横坐标:');
ay = input('请输入 a 点的纵坐标:');
bx = input('请输入 b 点的横坐标:');
by = input('请输入 b 点的纵坐标:');
% 调用函数
result = dist2(ax, ay, bx, by);
% 输出结果
fprintf('两点间的距离为:% f \n', result);
```

当脚本文件被执行时，它的结果显示如下:

```
>>test_dist2
计算两点间欧几里得距离:
请输入 a 点的横坐标:1
请输入 a 点的纵坐标:1
请输入 b 点的横坐标:4
请输入 b 点的纵坐标:5
两点间的距离为:5.000000
```

由手工运算可知，程序运算的结果是正确的。

也可以直接在命令窗口中，像使用 sin$x$ 函数一样调用自定义函数 dist2( )。

```
>> res = dist2(1,1,4,5)

res =

   5
```

第 **3** 章

随机模拟

在许多情况下，由于对象过于复杂或提出的解释性模型难以处理，建模者无法得到一个能够充分说明对象行为的机理分析模型，而当必须对对象行为做出预报时，建模者可以进行试验（或收集数据）来研究在某个范围内因变量与自变量的选择值之间的关系。从本章开始将讲解基于数据的建模与分析。

在某些情况下，对对象的行为进行直接观察或重复试验有时是不可行的，如早高峰时高楼电梯系统提供的服务。在明确了一个合适的问题及确定了什么是好的服务之后，可以提出若干供选择的电梯运行模式，如设定停偶数层、奇数层的电梯或直达电梯。理论上，对每种供选择的模式都能够做若干次试验，以确定哪一种模式能为那些要到达特定楼层的乘客提供最好的服务，然而这种做法可能是难以接受的，因为在收集统计数据时要再三惊扰乘客，并且电梯运行模式的不断变化也会使乘客感到迷惑。与此有关的另一个问题是对大城市交通控制系统可供选择的运行模式的检验，为了做试验而不停地改变单行道的交通方向和配置交通信号也是不现实的。

还有另一些情况，对可供选择的模式做试验的系统甚至可以不存在。例如，对于一座办公大楼，要确定几个通信网络中哪一个最好或确定一个新工厂的各台机器的布局。进行试验的费用可能是很高的，当核电站发生事故时，为防护或疏散居民而预测各种方案的影响所做的试验就属于这种情况。

在对象的行为不能做分析性的解释，或数据无法直接收集的情况下，建模者可以用某种方法间接地模拟其行为，试验供选择的各种方案，以模拟它们怎样影响对象的行为，然后收集数据来确定哪种方案是最好的。例如，为了得到一艘拟建造的潜艇受到的阻力，造一个原型是不可行的，可以按比例建一个模型，去模拟实际的潜艇行为。又如，在风洞里利用喷气飞机的比例模型可以估计高速飞行对飞机各种设计方案的影响。

3.1　随机数的生成

大多数计算机软件都有随机数生成函数，Matlab 也有自己的随机数生成函数，此外还有许多产生随机数的算法。下面介绍一种算法，这种算法产生均匀分布于开区间（0，1）中的随机数 x_1，x_2，$\cdots$，x_n 算法如下。

取一个整数 l_0，使得 $1 < l_0 < 2^{31} - 1$。

对 $i = 1, 2, 3, \cdots n$，计算：

$$l_i = \mathrm{mod}(7^5 l_{i-1}, 2^{31} - 1)$$

$$x_i = \frac{l_i}{2^{31} - 1}$$

这里的 l_i 是在 $1 < l_i < 2^{31} - 1$ 范围内的整数。初始整数 l_0 称为这个序列的种子。1 和 $2^{31} - 1 = 2147483647$ 这个梅森（Mersenne）质数之间的任何一个整数都可作为种子。

下面就用 Matlab 编写实现该算法的程序，函数名为 mrand。

```
function r = mrand
global L
L = mod(16807 * L, 2147483647);
r = L * 4.6566128752459e - 10;
```

调用说明：如果要调用函数 mrand，需要在程序中添加以下两条命令：

```
global L
L = 3
```

第一条命令声明变量 L 为全局变量；第二条命令给 L 赋予初值。

下面几种随机数也是常用的，都可以借助上面的函数 mrand 实现：

1）要产生在 (a, b) 上均匀分布的随机数 x，则 "x = (b - a) * mrand + a"。

2）产生集合 $\{0, 1, 2, \cdots, n\}$ 中的随机数 I，则 "I = fix((n + 1) * mrand)"。

3）产生从 j 到 $k (j \leqslant k)$ 的随机整数 x，则 "x = fix((k - j + 1) * mrand) + j"。

其中，fix 为取整函数，向靠近 0 的方向取整。其中，

> **注意：**
>
> 一般来说，直接采用 Matlab 中的 rand 函数就可以产生（0，1）之间均匀分布的随机数。

下面通过自定义的 Matlab 函数用来模拟随机变量，当然也可以改写为非函数实现。

1. 模拟均匀分布随机变量的函数

```
function r = rnd_u(a,b)
% 产生在[a,b]间均匀分布的随机数
r = a + (b - a) * rand;
return
```

2. 模拟指数分布随机变量的函数

```
function r = rnd_beta(lamada)
% 模拟指数分布
% lamad 表示指数分布的参数
```

```
r = -log(rand)/lamada;
Return
```

3. 模拟正态分布随机变量的函数

```
function r = rnd_normal(arg_mean,arg_segema)
% arg_mean    均值
% arg_segema  标准差
r = arg_mean + arg_segema * randn;%不是 rand
return
```

3.2　蒙特卡罗模拟

蒙特卡罗（Monte Carlo）模拟也称为随机模拟（Random Simulation）。其基本思想是：为了解决数学、物理、工程技术等方面的问题，首先建立一个概率模型或随机过程，使它的参数等于问题的解；然后通过对模型或过程的观察或抽样试验来计算所求参数的统计特征，最后给出所求解的近似值。

3.2.1　蒙特卡罗模拟估计面积

首先以曲线下的面积为例说明蒙特卡罗模拟在确定行为建模中的应用。本书从寻找非负曲线下面积的近似值开始，设 $y = f(x)$ 是闭区间 $[a, b]$ 上的连续函数，满足 $0 \leqslant f(x) \leqslant M$，其中 M 是界定该函数的某个常数，如图 3-1 所示，所求面积完全包含在高 M、长 $b - a$ 的矩形域中。

从矩形区域中随机选一点 $P(x, y)$，做法是产生两个满足 $a \leqslant x \leqslant b$、$0 \leqslant y \leqslant M$ 的随机数 x、y，并将其视为坐标为 x、y 的点 P。一旦点 $P(x, y)$ 选定，它是否在曲线 $y = f(x)$ 下方？即坐标 y 是否满足 $0 \leqslant y \leqslant f(x)$？若是，则计数器加 1 以计入点 P。需要两个计数器，一个计产生的总点数，另一个计位于曲线下的点数（见图 3-1），由此可用下式计算曲线下面积的近似值，即

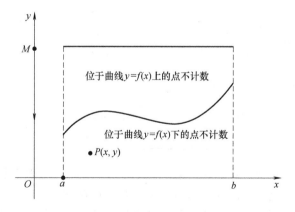

图 3-1　非负曲线 $y = f(x)$
在区间 $[a, b]$ 上的面积

$$\frac{曲线下面积}{矩形面积} \approx \frac{曲线下点数}{随机点的总数}$$

蒙特卡罗模拟算法是随机的，为使预测值与真值之差变小，需要做大量的试验。在最终的估计中，要讨论保证预先给定的置信水平所要求的试验次数，需要统计学的知识，然而作为一般准则，结果的精度提高一倍（即误差减少一半），试验次数大约需要增至 4 倍。

计算曲线下面积近似值的蒙特卡罗模拟算法如下:

```
输入:模拟中产生的随机总数n
输出:area=给定区间a≤x≤b上曲线y=f(x)下近似面积,其中0≤f(x)≤M
初始化:counter=0
for i=1 to n
  x=a+(b-a)*rand,y=M*rand;  %rand表示0~1之间满足均匀分布的随机数*/
  if y<=f(x)
    counter=counter+1;
  endif
endfor
aera=M*(b-a)*counter/n;
fprintf(area);
```

表3-1给出了区间 $[0, \pi]$ 上曲线 $y=\sin x$ 下面积的若干不同的模拟结果,其中 $0\le\sin x\le1$。众所周知,区间 $[0, \pi]$ 上曲线 $y=\sin x$ 下面积精确值为 $\int_0^\pi \sin x \mathrm{d}x = 2$。

表3-1　区间 $[0, \pi]$ 上曲线 $y=\sin x$ 下面积蒙特卡罗模拟

试验次数	面积近似值	试验次数	面积近似值
100	2.481858	2000	1.999624
200	2.026327	3000	1.999624
300	2.042035	4000	2.017950
400	1.947787	5000	2.045805
500	1.884956	6000	2.030516
600	1.953023	8000	1.970564
700	1.983691	10000	1.981402
800	1.955641	20000	1.980460
900	1.979203	30000	2.015332
1000	1.991770	40000	1.989256

需要注意的是,蒙特卡罗算法是利用产生随机数来进行模拟的,因此程序每次运行的结果可能是不同的,即使产生相当多的随机点,误差也是可观的。一般来说,对于单变量函数,蒙特卡罗模拟是无法与数值计算中的积分数值算法相比的,没有误差界控制以及难以求出函数的上界 M 也是它的缺点。然而,蒙特卡罗模拟可以推广到多变量函数,在那里它将变得更加实用。

求曲线下的面积的 Matlab 代码如下:

```
n=input('请输入试验总次数');
counter=0;
for i=1:n
  x=pi*rand;y=rand;
```

```
  if y <= sin(x)
    counter = counter +1;
  end
end
area = pi * counter/n;
fprintf('曲线 y = sin(x)在区间[0,pi]上的面积为:% f\n',area);
```

3.2.2　蒙特卡罗模拟寻求近似圆周率

如图 3-2 所示,在边长为 a 的正方形中有一半径为 a 的四分之一圆。从正方形区域中随机选一点 $P(x,y)$,做法是产生两个满足 $0 \leqslant x \leqslant a$、$0 \leqslant y \leqslant a$ 的随机数 x、y,并将其视作坐标为 (x,y) 的点 P。一旦点 $P(x,y)$ 选定,它是否在四分之一圆内?即坐标 y 是否满足 $x^2 + y^2 \leqslant a^2$?

计算 π 的近似值的蒙特卡罗模拟算法如下:

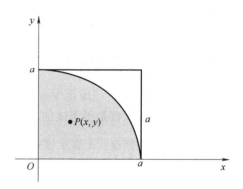

图 3-2　π 的近似计算

```
输入:模拟中产生的随机总点数 n。
输出:π 的近似结果
初始化:counter = 0;
for i = 1 to n
  x = a * rand,y = a * rand;  % rand 为 0 ~ 1 之间满足均匀分布的随机数,以后出现不再特别说明 * /
  if x^2 + y^2 <= a^2
    counter = counter +1;
  endif
endfor
pai = 4 * counter/n;
fprintf(pai);
```

表 3-2 给出了 π 的蒙特卡罗模拟计算的部分结果。

表 3-2　π 的蒙特卡罗模拟的结果

试验次数	5000	10000	20000	50000	100000
π 的近似值	3.167200	3.151200	3.143600	3.128400	3.141680

π 的蒙特卡罗模拟的 Matlab 代码如下:

```
n = input('请输入试验次数:');
a = 1;counter = 0;
```

```
for i =1:n
  x = a * rand;y = a * rand;
  if x^2 + y^2 <= a^2
    counter = counter +1;
  end
end
pai =4 * counter/n;
fprintf('pai 的近似值为:% f\n',pai);
```

3.2.3 蒙特卡罗模拟解决生日问题

设某班有 m 个学生，则该班至少有两人同一天生日的概率为多少？假设某一学生的生日出现在一年中的每一天都是等可能的，并设一年为 365 天。在古典概率模型中，一个班的同学的生日可以分两种情况：A 表示该班至少有两个人的生日在同一天，那么 $\bar{A}$ 表示该班任何两个同学的生日都不相同，则 $\bar{A}$ 发生的概率为 $P(\bar{A}) = \dfrac{A_{365}^m}{365^m} \dfrac{\binom{365}{m} \times m!}{365^m} = \dfrac{365!}{(365-m)! \times 365^m}$，从而该班中至少有两位同学生日相同的概率 $P(A) = 1 - P(\bar{A}) = 1 - \dfrac{365!}{(365-m)! \times 365^m}$。通过计算机，很容易得到相应的理论解。

诚然，假若你不了解古典概率模型的计算，但却可以通过蒙特卡罗模拟算法计算出其近似值。

计算古典概率模型的蒙特卡罗模拟算法如下：

```
输入:试验总次数 n 和学生人数 m
输出:m 个同学的班级至少有两位同学同一天生日的概率近似值
初始化:counter =0
for i =1:n
  for j =1:m
  初始化数组 birth;
  birth[j] =生成 1 ~365 之间的整数;
  endfor
  if 数组 birth 中元素一旦重复
    counter = counter +1;
  endif
endfor
pro = counter/n;
fprintf(m 个同学至少两人生日在同一天的概率为 pro);
```

表3-3 在固定试验次数为10000 次的基础上，给出了不同 m 对应的理论和蒙特卡罗模拟

结果。

表 3-3　*m* 个同学的班级至少有两位同学同一天生日的概率

m	10	20	30	40
理论值	0.116948	0.411438	0.706316	0.891232
模拟值	0.120400	0.406800	0.702800	0.897000
m	45	50	55	60
理论值	0.940976	0.970374	0.986262	0.994123
模拟值	0.939300	0.973600	0.986400	0.992700

　　通过计算,一个有 60 位同学的班级,至少有两人在同一天生日的概率高达 99.4% 以上。随机事件经常结伴出现,这就为大自然利用较少材料产生各种效应提供了保证。

　　生日问题的蒙特卡罗模拟的 Matlab 代码如下:

```
m = input('请输入班级同学人数:');
% 理论值计算
p1 = 1:365;
p2 = 1:(365 - m);
p2 = [p2,ones(1,m) * 365];
pp = p1. /p2;
pp = 1 - prod(pp);
fprintf('%d 个同学中至少有 2 个同学同一天生日的概率为:%f\n',m,pp);
% 蒙特卡罗模拟计算
n = 10000;
counter = 0;
for t = 1:n
  birth = [];
  for k = 1:m
    b = randperm(365);% 生成一个 1 ~ 365 的随机排列
    birth = [birth,b(1)];
  end
  c = unique(birth);% 合并数组 birth 中相同元素
  if length(birth) ~ = length(c)    % 判断 birth 数组中元素是否重复
    counter = counter +1;
  end
end
pinlv = counter/n;
fprintf('%d 个同学至少有 2 个同学同一天生日的模拟值为:%f\n',m,pinlv);
```

3.3　随机行为的模拟

　　熟练运用蒙特卡罗模拟的关键之一是掌握概率论的原理。“概率”一词指研究随机性、不确定性及量化各种结果出现的可能性。频率是指某随机事件在随机试验中实际出现的次数与随机试验进行次数的比值。众所周知,随着随机试验进行次数的增加,频率将更“靠近”

概率,即概率为频率的极限。

1. 一枚正规硬币

多数人都知道抛一枚硬币得到正面或反面的概率是1/2,如果真正地开始抛硬币会发生什么呢?抛两次会出现一次正面吗?大概不会。再次强调,概率是频率的极限,频率并不是概率。于是,抛很多次时正面出现次数的频率"接近"0.5。设 x 为 $[0, 1]$ 内的随机数,$f(x)$ 定义为

$$f(x) = \begin{cases} 正面 & 0 \leqslant x \leqslant 0.5 \\ 反面 & 0.5 < x \leqslant 1 \end{cases}$$

抛一枚正规硬币的蒙特卡罗模拟算法如下:

```
输入:模拟中总试验次数
输出:抛硬币得到正面的概率
初始化:counter = 0;
for i = 1 to n
  x = rand;
  if x <= 0.5
    counter = counter + 1;
  endif
endfor
p = counter/n;
fprintf(p);
```

表3-4 给出了对于不同 n 的蒙特卡罗算法的模拟结果,随着 n 的增大,正面出现的概率"接近"0.5。

表3-4   抛一枚正规硬币的结果

抛硬币次数	正面次数	正面频率	抛硬币次数	正面次数	正面频率
100	56	0.56	1000	488	0.488
200	95	0.475	5000	2513	0.5026
500	241	0.482	10000	5013	0.5013

抛一枚正规硬币的蒙特卡罗模拟的 Matlab 代码如下:

```
n = input('请输入试验次数:');
counter = 0;
for i = 1:n
  x = rand;
  if x <= 0.5
    counter = counter + 1;
  end
end
p = counter/n;
```

```
fprintf('正面出现的次数为:% d\n',counter);
fprintf('正面出现的频率为:% f\n',p);
```

2. 一个不正规的骰子

下面考虑"每个事件不是等可能出现"的随机模型,假定按照表 3-5 中的经验分布给骰子的几个面加重,使结果发生偏移。

表 3-5　不正规的骰子的概率分布

骰 子 点 数	概　　率	骰 子 点 数	概　　率	骰 子 点 数	概　　率
1	0.1	3	0.2	5	0.2
2	0.1	4	0.3	6	0.1

通过对表 3-5 进行累计概率计算,不正规的骰子函数关系见表 3-6。

表 3-6　不正规的骰子函数关系

x 的值	赋　　值	x 的值	赋　　值	x 的值	赋　　值
[0 0.1]	1	(0.2 0.4]	3	(0.7 0.9]	5
(0.1 0.2]	2	(0.4 0.7]	4	(0.9 1]	6

掷不正规骰子时骰子点数出现频率的蒙特卡罗模拟算法如下:

```
输入:模拟中试验次数
输出:掷出{1,2,3,4,5,6}的频率
初始化:将 counter1 至 counter6 初始化为 0;
for i =1 to n
  x = rand;
  if x <=0.1
    counter1 = counter1 +1;
  elseif x <=0.2
    counter2 = counter2 +1;
    elseif x <=0.4
      counter3 = counter3 +1;
  elseif x <=0.7
      counter4 = counter4 +1;
    elseif x <=0.9
      counter5 = counter5 +1;
    else
      counter6 = counter6 +1;
    endif
endfor
计算掷出{1,2,3,4,5,6}的频率为 counterj/n;
fprintf;
```

骰子点数出现频率的结果见表 3-7,为使模型结果接近概率,需要试验很多次。

表 3-7　掷一颗不正规骰子的结果

骰子点数	100	1000	5000	10000	50000	概率
1	0.1	0.099	0.105	0.1008	0.09764	0.1
2	0.1	0.09	0.1004	0.1023	0.10012	0.1
3	0.11	0.2	0.1992	0.1999	0.19994	0.2
4	0.36	0.304	0.3084	0.302	0.30038	0.3
5	0.21	0.204	0.1908	0.1962	0.19848	0.2
6	0.12	0.103	0.0962	0.0988	0.10344	0.1

掷不正规骰子的 Matlab 代码如下:

```
n = input('请输入试验次数:');
counter1 =0;counter2 =0;counter3 =0;
counter4 =0;counter5 =0;counter6 =0;
for i =1:n
  x = rand;
  if x <=0.1
    counter1 = counter1 +1;
  elseif x <=0.2
    counter2 = counter2 +1;
  elseif x <=0.4
    counter3 = counter3 +1;
  elseif x <=0.7
    counter4 = counter4 +1;
  elseif x <=0.9
    counter5 = counter5 +1;
  else
    counter6 = counter6 +1;
  end
end
p1 = counter1/n;p2 = counter2/n;p3 = counter3/n;
p4 = counter4/n;p5 = counter5/n;p6 = counter6/n;
fprintf('出现 1 点的概率为:% f\n',p1);
fprintf('出现 2 点的概率为:% f\n',p2);
fprintf('出现 3 点的概率为:% f\n',p3);
fprintf('出现 4 点的概率为:% f\n',p4);
fprintf('出现 5 点的概率为:% f\n',p5);
fprintf('出现 6 点的概率为:% f\n',p6);
```

3. 布朗运动

布朗运动是英国植物学家 Brown 在观察液体中浮游微粒的运动时发现的随机现象, 现在已成为随机过程理论最重要的概念之一。下列 M 函数 brwnm 给出了一维布朗运动 (或称维纳过程), 使用格式如下:

$$[t,w] = \mathrm{brwnm}(t0,tf,h)$$

其中，$[t0,\ tf]$ 为时间区间；h 为采样步长。$w(t)$ 为布朗运动。

```
function [t,w] =brwnm(t0,tf,h)
t =t0:h:tf;
x =randn(size(t)) * sqrt(h);
w(1) =0;
for k =1:length(t) -1,
    w(k +1) =w(k) +x(k);
end
```

若 $w_1(t)$、$w_2(t)$ 都是一维布朗运动且相互独立，那么 $(w_1(t),\ w_2(t))$ 是一个二维布朗运动。下面给出二维布朗运动模拟作图的 Matlab 代码：

```
function[t,w] =brwnm(t0,t1,h)
t =[t0:h:t1]
x =randn(length(t),2) * sqrt(h);
w(1,1) =0;w(1,2) =0;
for k =1:length(t) -1
  w(k +1,1) =w(k,1) +x(k,1);
  w(k +1,2) =w(k,2) +x(k,2);
end
clear;
[t w1] =brwnm(1,1000,1);
[t w2] =brwnm(1,1000,1);
Corrcoef(w1,w2);
plot(w1,w2)
```

二维布朗运动模拟作图如图 3-3 所示。

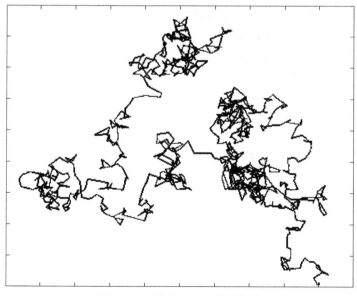

图 3-3　二维布朗运动模拟作图

3.4 蒙特卡罗模拟应用案例：理发店系统研究

一个理发店有两位服务员 A 和 B，顾客们随机到达店内，其中 60% 的顾客仅需剪发，每位花 5min 时间，另外 40% 顾客既要剪发又要洗发，每位用时 8min。

理发店是个含有多种随机因素的系统，请对该系统进行模拟，并对其进行评判。

可供参考内容有"排队论""系统模拟""离散系统模拟""事件调度法"。

1. 问题分析

理发店系统包含诸多随机因素，为了对其进行评判就要研究其运行效率，从理发店自身利益来说，要看服务员工作负荷是否合理、是否需要增加员工等方面考虑。从顾客角度讲，还要看顾客的等待时间、顾客的等待队长，如等待时间过长或者等待的人过多，则顾客会离开。理发店系统是个典型的排队系统，可以用排队论有关知识来研究。

2. 模型假设

1）60% 的顾客只需剪发，40% 的顾客既要剪发又要洗发。

2）每个服务员剪发需要的时间为 5min，既剪发又洗发则需要 8min。

3）顾客的到达间隔时间服从指数分布。

4）服务过程中服务员不休息。

3. 变量说明

u：剪发时间，$u = 5\text{min}$。

v：既剪发又理发的时间，$v = 8\text{min}$。

T：顾客到达的间隔时间是随机变量，服从参数为 λ 的指数分布（单位：min）。

T_0：顾客到达的平均间隔时间（单位：s），$T_0 = \dfrac{1}{\lambda}$。

4. 模型建立

由于该系统包含诸多随机因素，很难给出解析的结果，因此可以借助计算机对该系统进行模拟。

考虑一般理发店的工作模式，一般是上午 9：00 开始营业，晚上 10：00 左右结束，且一般是连续工作的，因此一般营业时间为 13h 左右。

这里以每天运行 12h 为例进行模拟。

假定顾客到达的平均间隔时间 T_0 服从均值 3min 的指数分布，则有：

3h 到达人数约为 $\dfrac{3 \times 60}{3} = 60$ 人

6h 到达人数约为 $\dfrac{6 \times 60}{3} = 120$ 人

10h 到达人数约为 $\dfrac{10 \times 60}{3} = 200$ 人

这里模拟顾客到达数为 60 人的情况。

5. 系统模拟

根据系统模拟的一般方法，需要考虑系统的以下数据和参数。

（1）状态（变量）

1）等待服务的顾客数。

2）A 是否正在服务。

3）B 是否正在服务。

（2）实体　两名服务员和多名顾客。

（3）事件

1）一名新顾客的到达

2）A 开始服务

3）A 结束服务

4）B 开始服务

5）B 结束服务

（4）活动

1）顾客排队时间

2）顾客们到达的间隔时间

3）A 的服务时间

4）B 的服务时间

在系统模拟时，为了研究系统的整体情况，此处考虑顾客到达后不离开，且等待队长不限。要考虑如果服务员均空闲时顾客先选择谁服务？要考虑模拟的时间设置及顾客数量要考虑模拟终止条件是根据顾客数目还是根据营业时间终止？

6. 系统模拟算法设计

自行设计算法如下：

```
finished=0;
初始化运行时钟
while finished==0
  if 产生的顾客数不到规定数目时
  then
      产生该顾客的有关数据;
      将顾客加入等待队列;
  else
      运行时钟继续;
  endif
  处理服务员的状态(包括工作状态、空闲时间);
  获得服务员的服务优先顺序;
  根据服务员优先顺序从等待队列中安排服务;
endwhile
```

注：其他实现方法可参考离散系统仿真算法——事件调度法。

7. 系统模拟程序

顾客到达的间隔时间 T 的计算机产生方法，利用 $T = -\frac{1}{\lambda}\ln\text{rand} = -T_0\ln\text{rand}$。

```
%理发店系统的模拟(案例分析之一)
%关键词:面向事件的计算机模拟技术
```

```
clear all
curclock = 0;% 当前时刻,动态变化
totalcustomer = 0;% 总共服务的顾客数
numsrv = 2;
srvstatus = zeros(numsrv,5);% 服务员有关数据
% srvstatus 第1列:服务状态(0 空闲,1 正在服务);第2列:当前服务顾客编号;
%    第3列:当前服务结束时刻;第4列:服务员空闲时间;第5列:服务的顾客总数

endtime = 0;% 结束时间
waiting = [];% 等待队列数据
% waiting 第1列:顾客编号;第2列:顾客到达时刻;第3列:顾客开始接受服务时刻;
%    第4列:接受服务时间;第5列:顾客结束服务时刻;第6列:间隔时间
cur = zeros(1,6);% 当前产生顾客的数据,对应关系同 waiting
avgwaitlen = [];% 平均等待队长
avgwaittime = [];% 平均等待时间
ujiange = 5;% 平均间隔时间
finished = 0;
numsimucustumer = yesinput('输入等待模拟的顾客数:',10,[10 1000]);
while  finished == 0,

  if totalcustomer < numsimucustumer
    % 产生一个顾客的到达及其有关性质的数据
    totalcustomer = totalcustomer + 1;
    jiange = - log(rand) * ujiange;% 与上一个顾客的到达的间隔时间
    curclock = curclock + jiange;
    cur(1) = totalcustomer;% 第1列:顾客编号
    cur(2) = curclock;% 第2列:顾客到达时刻
cur(6) = jiange;% 第6列:间隔时间
% 下面产生接受服务时间(可改进模型)
    if rand < 0.6, % 产生顾客有关性质:这里是产生接受服务时间
        cur(4) = 5;
    else
        cur(4) = 8;
    end
    % 放入等待队列
    if isempty(waiting),
        waiting = cur;
    else
        [m,n] = size(waiting);
        waiting(m + 1,:) = cur;
    end
  else
```

```matlab
    curclock = curclock + ( - log(rand) * ujiange);
  end% if totalcustomer <

  %分配等待队列(看是否有服务员空闲,如果有则分配;否则继续执行)
  %处理服务员的服务状态
  for i =1:numsrv,
    if srvstatus(i,1) ==1 & srvstatus(i,3) <= curclock,
      srvstatus(i,1) =0;%设置为空闲状态
      srvstatus(i,4) = curclock - srvstatus(i,3);%目前已经空闲的时间
    elseif srvstatus(i,1) ==1 & srvstatus(i,3) > curclock,
      srvstatus(i,4) =0;%没有休息(正在忙)
    else
      srvstatus(i,4) = curclock - srvstatus(i,3);%目前已经空闲的时间
    end
  end
  %处理服务员服务的先后顺序(依据空闲时间)(精细处理)
  tmp = srvstatus(:,4);
  for i =1:numsrv,
    [value,id] = max(tmp);
    b(i) = id;
    tmp(id) =0;%已经排序了
  end

  %此时等待队列必然不为空
  for j =1:numsrv,
    i = b(j);%确定服务员的序号
    if(srvstatus(i,1) ==0)
      %找一个顾客开始服务,同时计算该顾客什么时候接受服务,结束服务;
      [m,n] = size(waiting);
      if m ==0,
        break;
      end

      if waiting(1,5) ==0,%还没有开始接受服务
        waiting(1,3) = curclock;
        waiting(1,5) = waiting(1,3) + waiting(1,4);%结束时刻
        srvstatus(i,1) =1;%设置为忙状态
        srvstatus(i,2) = waiting(1,1);%顾客编号
        srvstatus(i,3) = waiting(1,5);%结束时刻
        srvstatus(i,5) = srvstatus(i,5) +1;%又服务了一个顾客

        %计算等待时间
```

```
            avgwaittime(end+1) = waiting(1,3) - waiting(1,2);
            disp(sprintf('间隔时间(%8.2f)顾客编号:%5d 接受服务员(%4d)服务(到达
时刻%10.2f)',waiting(1,6),waiting(1,1),i,waiting(1,2)))
            endtime = max(endtime,waiting(1,5))
            waiting(1,:) = [];%从等待队列中离开


        end
      end% if
    end% for


  [m,n] = size(waiting);
  %计算队长(这里的计算式子可以参考排队论有关术语进行确定)
  if totalcustomer < numsimucustumer
    avgwaitlen(end+1) = m;
  end
  if sum(srvstatus(:,5)) >= numsimucustumer,% 队列为空,结束
    finished = 1;
  end


end% while


disp('服务顾客数:')
disp(srvstatus(:,5)')
disp('平均队长');
disp(mean(avgwaitlen));
disp('运行时间(分钟,小时)');
disp(sprintf('%8.f%8.f',curclock,curclock/60));
disp('平均等待时间(分钟)');
disp(mean(avgwaittime));
disp('结束时间(分钟)');
disp(endtime);
figure
title('平均队长')
bar(avgwaitlen)
figure
title('平均等待时间');
bar(avgwaittime)
```

第**4**章

数据预处理

当今现实世界的数据极易受噪声、缺失值和不一致数据的干扰，严重影响数据建模的执行效率，甚至可能导致结论的偏差，因此进行数据清洗就显得尤为重要，数据清洗完成后接着进行或同时进行数据集成、数据归约和数据变换等一系列处理，这一过程称为数据预处理。

4.1 认识数据

一般根据数据的存储形式，将数据分为结构化数据、非结构化数据以及半结构化数据。

结构化数据，简单来说就是数据库、Excel 等数据；非结构化数据，包括视频、音频、图片、文档、文本等形式；半结构化数据，包括邮件、HTML、报表、资源库等。本书中的数据主要指的是结构化数据。

4.1.1 属性

属性是一个数据字段，表示数据对象的一个特征。在文献中，属性、特征和变量可以互换使用。机器学习倾向于使用"特征"，而统计学则更愿意使用"变量"，数据库的专业人士一般使用"属性"。

数据根据属性的类型，基本上可以分成**分类型（定性）数据**和**数值型（定量）数据**。表 4-1 列出了不同的数据类型。

表 4-1 不同的数据类型

属性类型		描 述	例 子	操 作
分类型（定性）	标称（定类）	标称属性的值仅仅只是不同的名字，即标称值只提供足够的信息以区分对象（相异性：=、≠）	邮政编码、雇员ID、眼球颜色、性别等	众数、熵、列联相关、χ^2 检验
	序数（定序）	序数属性的值提供足够的信息确定对象的序（<、>）	矿石硬度（好、较好、最好）、教师职称等	中位数、百分位、秩相关、符号检验

属性类型		描 述	例 子	操 作
数值型 （定量）	区间（定距）	对于区间属性，值之间的差是有意义的，没有真正的零，即存在测量单位（＋、－）	日历日期、摄氏或华氏温度等	均值、标准差、皮尔逊相关、t 和 F 检验
	比率（定比）	对于比率变量，差和比率都是有意义的，具有固有零点（×、／）	绝对温度、货币量、计数、年龄、质量、长度、电流等	几何平均、调合平均、百分比变差

注意：

表 4-1 给出了这些类型的定义以及每种类型有哪些合法的统计操作等信息。每种属性类型拥有其上方属性类型上的所有性质和操作。因此，对于标称、序数和区间合法的任何性质或操作，对于比率属性也合法。换句话说，属性类型的定义是累加的。当然，对于某种属性类型合适的操作，对其上方的属性类型就不一定合适。

4.1.2   离散属性和连续属性

区分数据类型的另一种方法是根据属性可能取值的个数来判断。

离散属性具有有限个值或无限可能个值。这样的属性可以是分类的，如性别，也可以是数量的，如计数。通常，**离散数学用整数变量表示**。**二元属性**是离散属性的一种特殊情况，并只接受两个值，如真/假、是/否、男/女或 0/1。通常，二元属性用布尔变量表示，或者用只取两个值（0 或 1）的整型变量表示。

连续属性是取实数值的属性，如温度、高度或质量等属性。

4.2   数据预处理概述

数据预处理的主要任务可以概括为四部分内容，即数据清洗、数据集成、数据归约和数据变换，如图 4-1 所示。

1）数据清洗是通过填写缺失的值、光滑噪声数据、识别或删除离群点，并解决不一致性等方式来"清洗"数据的。如果用户认为数据是脏的，他们可能就不会相信这些数据上的挖掘结果。此外，脏数据可能使挖掘过程陷入混乱，导致不可靠的输出。

2）数据集成是把不同来源、格式、性质的数据在逻辑上或物理上有机地集中，以便更方便地进行数据挖掘工作，数据集成通过数据交换而达到，主要解决数据的分布性和异构性的问题。数据集成的程度和形式也是多种多样的，对于小的项目，如果原始数据都存在不同的表中，数据集成的过程往往是根据关键字段将不同的表集成到一个或几个表格中；而对于大的项目，则有可能需要集成到单独的数据仓库中。

3）数据归约就是得到数据集的简化表示，虽然小得多，但能够产生同样的（或几乎同样的）分析结果。数据归约策略包括维归约和数值归约。在维归约中，使用减少变量的方法，以便得到原始数据的简化或"压缩"表示。比如，采用主成分分析减少变量，或通过相关性分析去掉相关性小的变量。数值归约主要指通过样本筛选减少数据量，这也是常用的

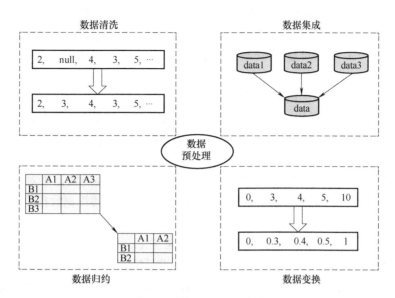

图 4-1 数据预处理的内容

数据归约方法。

4）数据变换是将数据从一种表现形式变为另一种表现形式的过程。假设用户决定使用诸如神经网络、最近邻分类或聚类等基于距离的挖掘算法进行建模或挖掘，如果待分析的数据已经规范化，即按比例映射到一个较小的区间（如［0，1］），则这些方法将会得到更好的结果。问题是往往各变量的标准不同，数据的数量级差异较大，在这种情况下，如果不对数据进行变换，显然模型反映的主要是大数量级数据的特征，所以通常还要根据需要灵活地对数据进行变换。

虽然数据预处理主要分为上述四方面的内容，但它们之间并不是互斥的。例如，冗余数据的删除既是一种数据清洗形式，也是一种数据归约。总之，现实世界的数据一般是脏的、不完整的和不一致的。数据预处理技术可以改进数据的质量，从而有助于提高随后挖掘过程的准确率和效率。由于高质量的决策必然依赖于高质量的数据，因此数据预处理是知识发现过程的重要步骤。

4.2.1 数据清洗

数据清洗的主要任务是填充缺失值和去除数据中的噪声。

1. 缺失值处理

对于缺失值的处理，不同的情况下其处理方法也不同，总的来说，缺失值处理主要有删除法和插补法（或称填充法）两类方法。

（1）删除法 删除法是对缺失值进行处理的最原始方法，它将存在缺失值的记录删除。如果数据缺失问题可以通过简单地删除小部分样本来达到目标，那么这个方法是最有效的。由于删除了非缺失信息，损失了样本量，进而削弱了统计功效。但是，当样本量很大而缺失值所占样本比例较小（小于 5%）时，就可以考虑使用此法。

（2）插补法 它的思想来源是以最可能的值来插补缺失值，比全部删除不完全样本所产生的信息丢失要少。在数据挖掘中，面对的通常是大型的数据库，它的属性有几十个甚至几百个，因为一个属性值的缺失而放弃大量的其他属性值，这种删除是对信息的极大浪费，所以产生了以可能值对缺失值进行插补的思想与方法。常用的有以下几种方法。

1）均值插补。根据数据的属性可将数据分为分类型和数值型。如果缺失值是数值型的，就以该属性存在值的平均值来插补缺失的值；如果缺失值是分类型的，就根据统计学中的众数原理，用该属性的众数（即出现频率最高的值）来补齐缺失的值；如果数据符合较规范的分布规律，则还可以用中值插补。

2）回归插补。回归插补即利用线性或非线性回归技术得到的数据来对某个变量的缺失数据进行插补。采用不同的插补法插补的数据略有不同，还需要根据数据的规律选择相应的插补方法。

3）极大似然估计。在缺失类型为随机缺失的条件下，假设模型对于完整的样本是正确的，那么通过观测数据的边际分布可以对未知参数进行极大似然估计。这种方法也称为忽略缺失值的极大似然估计，对于极大似然的参数估计实际中常采用的计算方法是期望值最大化。该方法比删除个案和单位插补更有吸引力，重要的是它适用于大样本。有效样本的数量足以保证极大似然估计值是渐近无偏的并服从正态分布。

需要注意的是，在某些情况下，缺失值并不意味着数据有错误。例如，在申请信用卡时，可能要求申请人提供驾驶执照号。没有驾驶执照的申请者可能自然地不填写该字段。表格应当允许填表人使用诸如"不适用"等值。理想情况下，每个属性都应当有一个或多个关于空值条件的规则。这些规则可以说明是否允许空值，并且说明这样的空值应当如何处理或转换。如果在业务处理的稍后步骤提供值，某些字段也可能故意留下空白。因此，尽管在得到数据后，用户可以尽其所能来清洗数据，但好的数据库和数据输入设计将有助于在第一现场把缺失值或错误的数量降至最低。

2. 噪声过滤

噪声即数据中存在的随机误差。噪声数据的存在是正常的，但会影响变量真值的反映，所以有时也需要对这些噪声数据进行过滤。目前，常用的噪声过滤方法有回归法、均值平滑法、离群点分析法及小波去噪法。

（1）回归法　回归法是用函数拟合数据来光滑数据的。利用线性回归可以得到两个属性（或变量）的"最佳"直线，使得一个属性可以用来预测另一个。多元线性回归是线性回归的扩充，其中涉及的属性多于两个，如图4-2所示。这里使用回归法来去除数据中的噪声，即使用回归后的函数值来代替原始的数据，从而避免噪声数据的干扰。回归法首先依赖于对数据趋势的判断，符合线性趋势的才使用回归法，所以往往需要先对数据进行可视化，判断数据的趋势及规律，然后再确定是否可以用回归法进行去噪。

（2）均值平滑法　均值平滑法是指对于具有序列特征的变量用邻近若干数据的均值来替换原始数据的方法，如图4-3所示。对于具有正弦时序特征的数据，利用均值平滑法对其噪声进行过滤，从图4-3中可以看出，去噪效果还是很显著的。

（3）离群点分析法　离群点分析法是通过聚类等方法来检测离群点，并将其删除，从而实现去噪的方法。直观上，落在簇集合之外的值被视为离群点。

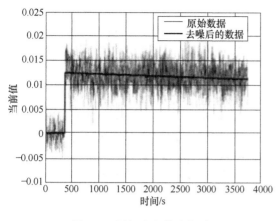

图 4-2　回归法去噪示意图

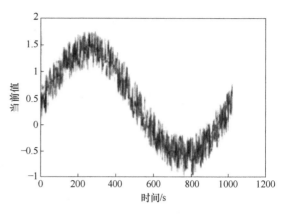

图 4-3　均值平滑法去噪示意图

（4）小波去噪法　在数学上，小波去噪的本质是一个函数逼近问题，即如何在由小波母函数伸缩和平移所展成的函数空间中，根据提出的衡量准则，寻找对原信号的最佳逼近，以完成原信号和噪声信号的区分。也就是寻找从实际信号空间到小波函数空间的最佳映射，以便得到原信号的最佳恢复。从信号学的角度看，小波去噪是一个信号滤波的问题，而且尽管在很大程度上小波去噪可以看成低通滤波，但是由于在去噪后还能成功地保留信号特征，所以在这一点上又优于传统的低通滤波器。由此可见，小波去噪实际上是特征提取和低通滤波功能的结合。

4.2.2　数据集成

　　数据集成就是将若干个分散的数据源中的数据，逻辑地或物理地集成到一个统一的数据集合中。数据集成的核心任务是要将互相关联的分布式异构数据源集成到一起，使用户能够以更透明的方式访问这些数据源。集成是指维护数据源整体上的数据一致性、提高信息共享利用的效率；透明的方式是指用户无须关心如何实现对异构数据源数据的访问，只关心以何种方式访问何种数据。实现数据集成的系统称为数据集成系统，它为用户提供统一的数据源访问接口，执行用户对数据源的访问请求。

　　数据集成的数据源广义上包括各类 XML 文档、HTML 文档、电子邮件、普通文件等结构化、半结构化信息。数据集成是信息系统集成的基础和关键。好的数据集成系统要保证用户以低代价、高效率使用异构的数据。

　　常用的数据集成方法，主要有联邦数据库、中间件集成方法和数据仓库方法。但这些方法都倾向于数据库系统构建的方法。从数据挖掘的角度，分析人员更倾向于如何直接获得某个数据挖掘项目需要的数据，而不是 IT 系统的构建。当然，数据库系统集成度越高，数据挖掘的执行也就越方便。在实际中，更多的情况下，由于时间、周期等问题的制约，数据挖掘的实施往往只利用现有可用的数据库系统，也就是说更多的情况下，只考虑某个数据挖掘项目如何实施。从这个角度上讲，对于某个数据挖掘项目，数据集成主要是指数据的融合，即数据表的集成。对于数据表的集成，主要有内接和外接两种方式，如图 4-4 所示，究竟如何拼接则需要具体问题具体分析。

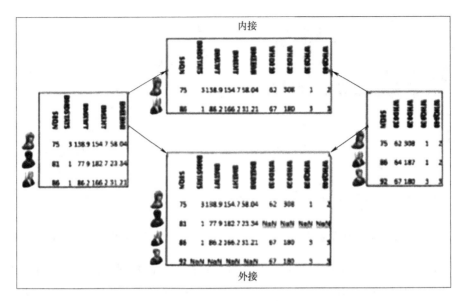

图 4-4　数据集成示意图

4.2.3　数据归约

用于分析的数据集可能包含数以百计的属性，其中大部分属性可能与挖掘任务不相关，或者是冗余的。尽管领域专家可以挑选出有用的属性，但这可能是一项困难而费时的任务，特别是当数据的行为不十分清楚时更是如此。遗漏相关属性或留下不相关属性都可能是有害的，会导致所用的挖掘算法无所适从，以致发现质量很差的模式。此外，不相关或冗余的属性还增加了数据挖掘量。

数据归约的目的是得到能够与原始数据集近似等效，甚至更好但数据量较少的数据集。这样，对归约后的数据集进行挖掘将更有效，且能够产生相同（或几乎相同）的挖掘效果。

数据归约策略较多，但从数据挖掘角度，常用的是**属性选择**和**样本选择**。

1）属性选择是通过删除不相关或冗余的属性（或维）来减少数据量的。属性选择的目标是找出最小属性集，使得数据类的概率分布尽可能地接近使用所有属性得到的原分布。在缩小的属性集上挖掘还有其他的优点：它减少了出现在发现模式上的属性数目，使得模式更易于理解。究竟如何选择属性，主要看属性与挖掘目标的关联程度及属性本身的数据质量，根据数据质量评估的结果，可以删除一些属性。在利用数据相关性分析、数据统计分析、数据可视化和主成分分析技术时还可以选择删除此属性，最后剩下更好的属性。

2）样本选择也就是数据抽样。对样本的选择不是在收集阶段就确定的，而是有个逐渐筛选、逐级抽样的过程。

在数据收集和准备阶段，数据归约通常用最简单、直接的方法，如直接抽样或直接根据数据质量分析结果删除一些属性。在数据探索阶段，随着对数据理解的深入，将会进行更细致的数据抽样，这时用的方法也会更复杂，比如相关性分析和主成分分析（这两种方法将在第 5 章详细介绍）。

4.2.4 数据变换

数据变换是指将数据从一种表示形式变换为另一种表现形式的过程。常用的数据变换方式是标准化和离散化等。

1. 标准化

数据的标准化是将数据按比例缩放，使之落入一个小的特定区间。在某些比较和评价的指标处理中经常会用到，去除数据的单位限制，将其转化为无量纲的纯数值，便于不同单位或量级的指标能够进行比较和加权。其中最典型的就是 0 – 1 标准化、z 分数规范化和小数定标规范化。

（1）0 – 1 标准化　0 – 1 标准化也称为离差标准化，是对原始数据的线性变换，将值域映射到 [0, 1] 上。转换公式为

$$x_i = \frac{x_i - \min}{\max - \min} \tag{4-1}$$

式中，max 为属性数据的最大值，min 为属性数据的最小值，max – min 为属性极差。离差标准化保留了原来数据存在的关系，是消除量纲和值域范围差异的最简单方法。这种处理方法的缺点是若数据集中或某个属性值很大，则规范化后会接近于 1，并且将会相差不大。若以后的新数据超过目前属性值域 [min, max]，会引起系统出错，需要重新确定 min 和 max。

（2）z 分数规范化　z 分数规范化也叫**零均值规范化**或**标准差规范化**，经过处理后的数据的均值为 0，标准差为 1。转换公式为

$$z_i = \frac{x_i - \bar{x}}{s} \tag{4-2}$$

式中，z_i 为 x_i 的 z 分数，$\bar{x}$、s 分别为样本属性平均值和标准差。

这种方法是当前使用最多的数据标准化方法，但是均值和标准差受异常值的影响较大。因此，实际使用中有时也进行以下修改，即

$$z_i^* = \frac{x_i - \bar{x}}{s^*} \tag{4-3}$$

式中，s^* 为绝对标准差，有

$$s^* = \frac{1}{n} \sum_{i=1}^{n} (|x_i - \bar{x}|)$$

有时，也可以用中位数代替上面的均值来操作。

（3）小数定标规范化　通过移动属性值的小数点位置进行规范化。小数点的移动位数依赖于属性的最大绝对值。规范化公式为

$$x_i' = \frac{x_i}{10^j} \tag{4-4}$$

式中，j 为使得 $\max(|x_i'|) < 1$ 的最小整数。

例如，某属性的取值范围为 –986 ~ 917，属性的最大绝对值为 986。因此，为使用小数定标规范化，用 1000（$j = 3$）除每个值。因此，–986 被规范化为 –0.986，而 917 被规范化为 0.917。

注意：

规范化可能将原来的数据改变很多，特别是使用 z 分数规范化或小数定标规范化时尤其如此。还有必要保留规范化参数（如均值和标准差），以便将来的数据可以用一致的方式规范化。

2. 离散化

离散化是指把连续型数据切分为若干"段"，也称为 bin，是数据分析中常用的手段。有些数据挖掘算法，特别是某些分类算法，要求数据是分类属性形式。这样，常常需要将连续数据变换成分类属性（离散化，Discretization）。此外，如果一个分类属性具有大量不同值（类别）或者某些值出现不频繁，对于某些数据挖掘任务，就可通过合并某些值从而减少类别的数目。

4.3 Matlab 与 Excel 的数据交互

Matlab 通过数据导入和导出功能，可以从文件、其他应用程序、Web 服务和外部设备访问数据。可以读取常见文件格式，如 Microsoft Excel 电子表格、文本、图像、音频和视频以及科学数据格式。通过一些低级的文件 I/O 函数，可以处理任何格式的数据文件。本节仅简单介绍 Matlab 电子表格的导入和导出，更多的数据导入和导出请读者自己参考 Matlab 的帮助文档。

4.3.1 以交互方式导入数据

1）Matlab 工具条：在主页选项卡中的变量部分，单击导入数据。

2）Matlab 命令提示符：输入"uiimport"，在弹出的窗口中选择需要导入的数据文件，如图 4-5 所示。

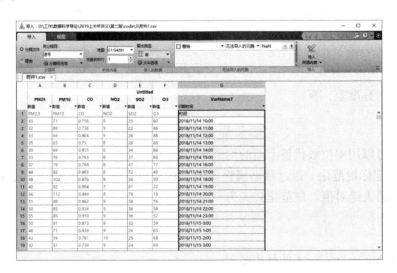

图 4-5 数据导入示意图

最后单击"导入所选内容"按钮 ☑ 以导入该表。

4.3.2　读取和写入表

1. 用 readtable 读取表格数据

T = readtable（filename）

该语句表示通过从文件中读取列向数据来创建表，filename 为文件名。

readtable 函数基于文件的扩展名确定文件格式：

- .txt、.dat 或 .csv（适用于带分隔符的文本文件）。
- .xls、.xlsb、.xlsm、.xlsx、.xltm、.xltx 或 .ods（适用于电子表格文件）。

readtable 函数为该文件中的每列在 T 中创建一个变量，并从文件的第一行中读取变量名称（见图 4-6）。默认情况下，如果整列均为数值，则已创建的变量为 double，如果列中的任一元素不是数值，则为字符向量单元数组。

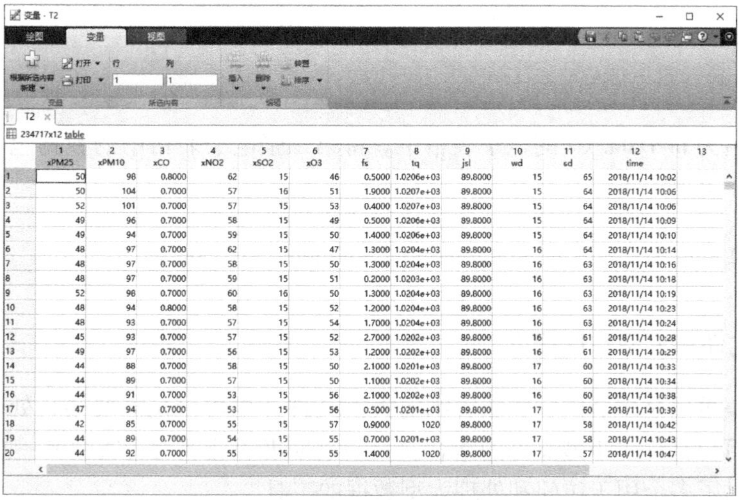

	1 xPM25	2 xPM10	3 xCO	4 xNO2	5 xSO2	6 xO3	7 fs	8 tq	9 jsl	10 wd	11 sd	12 time	13
1	50	98	0.8000	62	15	46	0.5000	1.0206e+03	89.8000	15	65	2018/11/14 10:02	
2	50	104	0.7000	57	16	51	1.9000	1.0207e+03	89.8000	15	64	2018/11/14 10:06	
3	52	101	0.7000	57	15	53	0.4000	1.0207e+03	89.8000	15	64	2018/11/14 10:06	
4	49	96	0.7000	58	15	49	0.5000	1.0206e+03	89.8000	15	64	2018/11/14 10:09	
5	49	94	0.7000	59	15	50	1.4000	1.0206e+03	89.8000	15	64	2018/11/14 10:10	
6	48	97	0.7000	62	15	47	1.3000	1.0204e+03	89.8000	16	64	2018/11/14 10:14	
7	48	97	0.7000	58	15	50	1.3000	1.0204e+03	89.8000	16	63	2018/11/14 10:16	
8	48	97	0.7000	59	15	51	0.2000	1.0203e+03	89.8000	16	63	2018/11/14 10:18	
9	52	98	0.7000	60	16	50	1.3000	1.0204e+03	89.8000	16	63	2018/11/14 10:19	
10	48	94	0.8000	58	15	52	1.2000	1.0204e+03	89.8000	16	63	2018/11/14 10:23	
11	48	93	0.7000	57	15	54	1.7000	1.0204e+03	89.8000	16	63	2018/11/14 10:24	
12	45	93	0.7000	57	15	52	2.7000	1.0202e+03	89.8000	16	61	2018/11/14 10:28	
13	49	97	0.7000	56	15	53	1.2000	1.0202e+03	89.8000	16	61	2018/11/14 10:29	
14	44	88	0.7000	58	15	50	2.1000	1.0201e+03	89.8000	17	60	2018/11/14 10:33	
15	44	89	0.7000	57	15	50	1.1000	1.0202e+03	89.8000	16	60	2018/11/14 10:34	
16	44	91	0.7000	53	15	56	2.1000	1.0202e+03	89.8000	16	60	2018/11/14 10:38	
17	47	94	0.7000	53	15	56	0.5000	1.0201e+03	89.8000	17	60	2018/11/14 10:39	
18	42	85	0.7000	55	15	57	0.9000	1020	89.8000	17	58	2018/11/14 10:42	
19	44	89	0.7000	54	15	55	0.7000	1.0201e+03	89.8000	17	58	2018/11/14 10:43	
20	44	92	0.7000	55	15	55	1.4000	1020	89.8000	17	57	2018/11/14 10:47	

图 4-6　使用 readtable 读取数据

在 Matlab 命令窗口中输入：

```
T2 = readtable('附件 2.csv');
```

> **注意：**
>
> 使用 readtable 函数时，表中数据标题行必须符合 Matlab 变量名规则，即必须以英文字母开头，只能包含字母、数字、下划线；否则 Matlab 会给出警告，并自动修改变量名。同时该文件必须位于 Matlab 当前路径下。

2. 用 writetable 写入表格数据

writetable(T) 函数是将表 T 写入逗号分隔的文本文件。文件名为表的工作区变量名称，附加扩展名 .txt。如果 writetable 无法根据输入表名称构造文件名，那么它会写入 table.txt 文件中。

T 中每个变量的每一列都将成为输出文件中的列。T 的变量名称将成为文件第一行的列标题。

writetable（T，filename）表示写入具有 filename 指定的名称和扩展名的文件。

writetable 函数根据指定扩展名来确定文件格式。扩展名必须是下列格式之一：

■ . txt、. dat 或 . csv（适用于带分隔符的文本文件）。

■ . xls、. xlsm 或 . xlsx（适用于 Excel 电子表格文件）。

创建一个表，Matlab 代码如下：

```
T = table(['M';'F';'M'],[45 45;41 32;40 34],...
   {'NY';'CA';'MA'},[true;false;false])
T = 3 × 4 table
   Var1   Var2   Var3   Var4

    M     45  45  'NY'   true
    F     41  32  'CA'   false
    M     40  34  'MA'   false
```

将表写入名为 myData. xls 的电子表格中。将第二张电子表格中的数据包含在 5 × 5 的区域中，转角位于 B2 和 F6：

```
writetable(T,'myData.xls','Sheet',2,'Range','B2:F6')
```

4.3.3　大型文件和大型数据简介

大型数据集可以是现有内存无法容纳的大型文件，也可以是需要很长处理时间的文件，大型数据集还可以是许多小型文件的集合。大型数据集的处理无法通过单一方法来完成，因此，Matlab 提供了多个用于访问和处理大型数据的工具。

首先创建一个一次可访问小部分数据的数据存储。可以使用数据存储管理数据的增量导入。要使用常见 Matlab 函数（如 mean 和 histogram）分析数据，基于数据存储创建一个 tall 数组。对于更复杂的问题，可以编写一个 MapReduce 算法，用于定义数据的分块和归约。

更多的内容请参阅 Matlab 帮助文档。

4.3.4　数据的清理、平滑和分组等

数据清理是指查找、删除和替换错误或缺失数据的方法。平滑处理和去除线性趋势是从数据中消除噪声和线性趋势的过程，而缩放则会改变数据的边界。分组和划分离散化数据的方法是确定数据变量之间关系的方式。

1. 清除表中的杂乱数据和缺失数据

（1）加载样本数据　从一个逗号分隔的文本文件 messy. csv 加载样本数据。该文件包含许多不同的缺失数据指示符：空字符向量（"）、句点（.）、NA、NaN、−99。要指定视为空值的字符向量，请将 TreatAsEmpty 名称−值对组参数与 readtable 函数结合使用（可以使用 disp 函数来显示全部 21 行，即使以实时脚本方式运行此示例时也可以如此操作）。

```
T = readtable('messy.csv','TreatAsEmpty',{'.','NA'});
disp(T)
      A       B       C       D       E

   'afe1'    3    'yes'     3       3

   'egh3'   NaN   'no'      7       7

   'wth4'    3    'yes'     3       3

   'atn2'   23    'no'     23      23

   'arg1'    5    'yes'     5       5

   'jre3'  34.6   'yes'   34.6    34.6

   'wen9'  234    'yes'   234     234

   'ple2'    2    'no'      2       2

   'dbo8'    5    'no'      5       5

   'oii4'    5    'yes'     5       5

   'wnk3'  245    'yes'   245     245

   'abk6'  563    ''      563     563

   'pnj5'  463    'no'    463     463

   'wnn3'    6    'no'      6       6

   'oks9'   23    'yes'    23      23

   'wba3'   NaN   'yes'    NaN     14

   'pkn4'    2    'no'      2       2

   'adw3'   22    'no'     22      22

   'poj2'  -99    'yes'   -99     -99

   'bas8'   23    'no'     23      23

   'gry5'   NaN   'yes'    NaN     21
```

　　T 是一个包含 21 行和 5 个变量的表。'TreatAsEmpty' 仅适用于文件中的数值列，无法处理指定为文本形式的数值（如 '-99'）。

　　（2）汇总表　使用 summary 函数创建汇总表来查看每个变量的数据类型、说明、单位和其他描述性统计量。

```
summary(T)
Variables:
  A:21x1 cell array of character vectors
  B:21x1 double
```

```
Values:
   Min            -99
   Median          14
   Max            563
   NumMissing       3
C:21x1 cell array of character vectors
D:21x1 double
Values:
   Min            -99
   Median           7
   Max            563
   NumMissing       2
E:21x1 double
Values:
   Min            -99
   Median          14
   Max            563
```

当从文件中导入数据时，默认情况是让 readtable 以字符向量单元数组形式读取包含非数值元素的任何变量。

（3）查找具有缺失值的行　显示表 T 中至少含有一个具有缺失值的行子集。

```
TF = ismissing(T,{'' '.' 'NA' NaN -99});
rowsWithMissing = T(any(TF,2),:);
disp(rowsWithMissing)
    A        B       C       D       E

   'egh3'   NaN    'no'     7       7
   'abk6'   563    ''      563     563
   'wba3'   NaN    'yes'   NaN      14
   'poj2'   -99    'yes'   -99     -99
   'gry5'   NaN    'yes'   NaN      21
```

readtable 已将数值变量 B、D 和 E 中的 '.' 和 'NA' 替换为 NaN。

（4）替换缺失值指示符　清除相应数据，将代码 -99 所指示的缺失值替换为标准的 Matlab 数值缺失值指示符 NaN。

```
T = standardizeMissing(T, -99);
disp(T)
    A        B       C       D       E

   'afe1'   3      'yes'    3       3
```

```
    'egh3'  NaN   'no'    7      7
    'wth4'   3    'yes'   3      3
    'atn2'  23    'no'   23     23
    'arg1'   5    'yes'   5      5
    'jre3' 34.6   'yes' 34.6   34.6
    'wen9' 234    'yes' 234    234
    'ple2'   2    'no'    2      2
    'dbo8'   5    'no'    5      5
    'oii4'   5    'yes'   5      5
    'wnk3' 245    'yes' 245    245
    'abk6' 563    ''    563    563
    'pnj5' 463    'no'  463    463
    'wnn3'   6    'no'    6      6
    'oks9'  23    'yes'  23     23
    'wba3'  NaN   'yes'  NaN    14
    'pkn4'   2    'no'    2      2
    'adw3'  22    'no'   22     22
    'poj2'  NaN   'yes'  NaN    NaN
    'bas8'  23    'no'   23     23
    'gry5'  NaN   'yes'  NaN    21
```

standardizeMissing 将 3 个 -99 替换为 NaN。

创建一个新表 T2，然后将缺失值替换为该表前一行中的值。fillmissing 提供了许多方法来填充缺失值。

```
T2 = fillmissing(T,'previous');
disp(T2)
      A       B      C      D      E

    _____  ____  _____  ____  ____

    'afe1'   3    'yes'   3      3
    'egh3'   3    'no'    7      7
    'wth4'   3    'yes'   3      3
    'atn2'  23    'no'   23     23
    'arg1'   5    'yes'   5      5
```

```
'jre3' 34.6 'yes' 34.6 34.6
'wen9' 234  'yes' 234  234
'ple2' 2    'no'  2    2
'dbo8' 5    'no'  5    5
'oii4' 5    'yes' 5    5
'wnk3' 245  'yes' 245  245
'abk6' 563  'yes' 563  563
'pnj5' 463  'no'  463  463
'wnn3' 6    'no'  6    6
'oks9' 23   'yes' 23   23
'wba3' 23   'yes' 23   14
'pkn4' 2    'no'  2    2
'adw3' 22   'no'  22   22
'poj2' 22   'yes' 22   22
'bas8' 23   'no'  23   23
'gry5' 23   'yes' 23   21
```

（5）删除具有缺失值的行 创建一个新表 T3，该表仅包含 T 中不带缺失值的行。T3 只有 16 行。

```
T3 = rmmissing(T);
disp(T3)
     A      B     C     D     E
   _____   ___   ___   ___   ___

   'afe1'  3    'yes'  3     3
   'wth4'  3    'yes'  3     3
   'atn2'  23   'no'   23    23
   'arg1'  5    'yes'  5     5
   'jre3'  34.6 'yes'  34.6  34.6
   'wen9'  234  'yes'  234   234
   'ple2'  2    'no'   2     2
   'dbo8'  5    'no'   5     5
   'oii4'  5    'yes'  5     5
   'wnk3'  245  'yes'  245   245
```

'pnj5'	463	'no'	463	463
'wnn3'	6	'no'	6	6
'oks9'	23	'yes'	23	23
'pkn4'	2	'no'	2	2
'adw3'	22	'no'	22	22
'bas8'	23	'no'	23	23

T3 包含 16 行和 5 个变量。

（6）组织数据　先根据 C 列以降序对 T3 的行进行排序，然后根据 A 列以升序排序。

```
T3 = sortrows(T2,{'C','A'},{'descend','ascend'});
disp(T3)
```

A	B	C	D	E
'abk6'	563	'yes'	563	563
'afe1'	3	'yes'	3	3
'arg1'	5	'yes'	5	5
'gry5'	23	'yes'	23	21
'jre3'	34.6	'yes'	34.6	34.6
'oii4'	5	'yes'	5	5
'oks9'	23	'yes'	23	23
'poj2'	22	'yes'	22	22
'wba3'	23	'yes'	23	14
'wen9'	234	'yes'	234	234
'wnk3'	245	'yes'	245	245
'wth4'	3	'yes'	3	3
'adw3'	22	'no'	22	22
'atn2'	23	'no'	23	23
'bas8'	23	'no'	23	23
'dbo8'	5	'no'	5	5
'egh3'	3	'no'	7	7
'pkn4'	2	'no'	2	2
'ple2'	2	'no'	2	2
'pnj5'	463	'no'	463	463
'wnn3'	6	'no'	6	6

在 C 列中，各行首先按 'yes' 分组，然后再按 'no' 分组。在 A 列中，各行以字母顺序排列。

对表进行重新排序，以使 A 列和 C 列彼此相邻。

```
T3 = T3(:,{'A','C','B','D','E'});
disp(T3)
    A       C      B      D      E

    _____  _____  ____   ____   ____

    'abk6'  'yes'  563    563    563

    'afe1'  'yes'  3      3      3

    'arg1'  'yes'  5      5      5

    'gry5'  'yes'  23     23     21

    'jre3'  'yes'  34.6   34.6   34.6

    'oii4'  'yes'  5      5      5

    'oks9'  'yes'  23     23     23

    'poj2'  'yes'  22     22     22

    'wba3'  'yes'  23     23     14

    'wen9'  'yes'  234    234    234

    'wnk3'  'yes'  245    245    245

    'wth4'  'yes'  3      3      3

    'adw3'  'no'   22     22     22

    'atn2'  'no'   23     23     23

    'bas8'  'no'   23     23     23

    'dbo8'  'no'   5      5      5

    'egh3'  'no'   3      7      7

    'pkn4'  'no'   2      2      2

    'ple2'  'no'   2      2      2

    'pnj5'  'no'   463    463    463

    'wnn3'  'no'   6      6      6
```

2. 数据平滑和离群值检测

数据平滑是指用于消除数据中不需要的噪声或行为的方法，而离群值检测用于标识与其余数据显著不同的数据点。

（1）移动均值方法　移动均值方法是分批处理数据的方法，通常是为了从统计角度表示数据中的相邻点。移动均值是一种常见的数据平滑技术，它沿着数据滑动窗口，同时计算每个窗口内点的均值（见图4-7）。这可以帮助消除从一个数据点到下一个数据点的非显著变化。

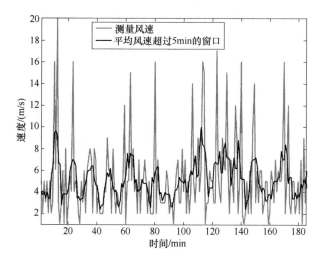

图 4-7　均值平滑示意图

例如，假设每分钟测量一次风速，持续约 3h。使用 movmean 函数和 5min 的窗口大小可去除高速阵风。

```
load windData.mat
mins = 1:length(speed);
window = 5;
meanspeed = movmean(speed,window);
plot(mins,speed,mins,meanspeed)
axis tight
legend('Measured Wind Speed','Average Wind Speed over 5 min Window','location',
'best')
xlabel('Time')
ylabel('Speed')
```

同样，可以使用 movmedian 函数计算滑动窗口中的风速中位数（见图 4-8）。

```
medianspeed = movmedian(speed,window);
plot(mins,speed,mins,medianspeed)
axis tight
legend('Measured Wind Speed','Median Wind Speed over 5 min Window','location',
'best')
xlabel('Time')
ylabel('Speed')
```

并非所有数据都适合用移动窗口方法进行平滑处理。例如插入了随机噪声的正弦信号（见图 4-9）。

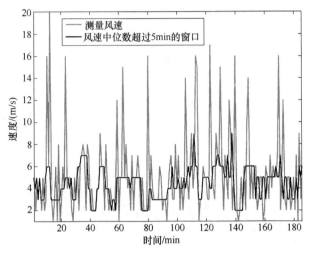

图 4-8   中位数示意图

```
t = 1:0.2:15;
A = sin(2 * pi * t) + cos(2 * pi * 0.5 * t);
Anoise = A + 0.5 * rand(1,length(t));
plot(t,A,t,Anoise)
axis tight
legend('Original Data','Noisy Data','location','best')
```

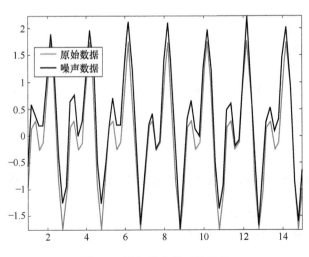

图 4-9   随机噪声的正弦信号

使用移动均值和大小为 3 的窗口对含噪数据进行平滑处理（见图 4-10）。

```
window = 3;
Amean = movmean(Anoise,window);
plot(t,A,t,Amean)
```

```
axis tight
legend('Original Data','Moving Mean - Window Size 3')
```

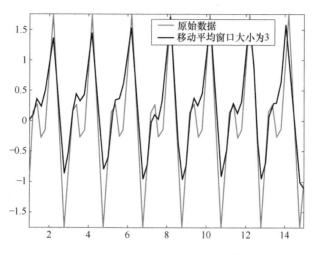

图 4-10　正弦信号的 3 窗口移动均值平滑

移动均值方法可获得数据的大致形状，但不能非常准确地捕获波谷（局部最小值）。由于波谷点在每个窗口中两个较大的邻点之间，因此均值不是那些点的理想近似值。如果使窗口大小变大，均值将完全消除较短的波峰（见图 4-11）。对于这种类型的数据，可能需要考虑其他平滑技术。

```
Amean =movmean(Anoise,5);
plot(t,A,t,Amean)
axis tight
legend('Original Data','Moving Mean - Window Size 5','location','best')
```

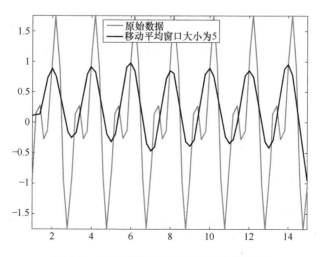

图 4-11　正弦信号的 5 窗口移动均值平滑

（2）其他的平滑方法

1）smoothdata 函数提供几种平滑选项，如 Savitzky – Golay 方法，这是一种常用的信号处理平滑技术。默认情况下，smoothdata 根据数据选择最佳估计窗口大小。

使用 Savitzky – Golay 方法可对噪声信号 Anoise 进行平滑处理，并输出它使用的窗口大小。与 movmean 相比，该方法可提供更好的波谷近似值（见图 4-12）。

```
[Asgolay,window] = smoothdata(Anoise,'sgolay');
plot(t,A,t,Asgolay)
axis tight
legend('Original Data','Savitzky – Golay','location','best')
```

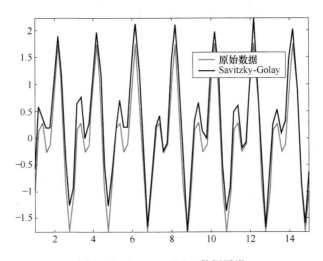

图 4-12　Savitzky- Golay 数据平滑

```
window
window = 3
```

2）稳健的 Lowess 方法是另一种平滑方法，尤其适用于同时包含噪声和离群值的数据。在含噪数据中插入离群值，并使用稳健的 Lowess 方法对数据进行平滑处理（见图 4-13），从而消除离群值。

```
Anoise(36) = 20;
Arlowess = smoothdata(Anoise,'rlowess',5);
plot(t,Anoise,t,Arlowess)
axis tight
legend('Noisy Data','Robust Lowess')
```

（3）检测离群值　数据中的离群值可能使数据处理结果和其他计算量严重失真。例如，尝试用移动均值方法对包含离群值的数据进行平滑处理，则可能得到误导性的波峰或波谷（见图 4-14）。

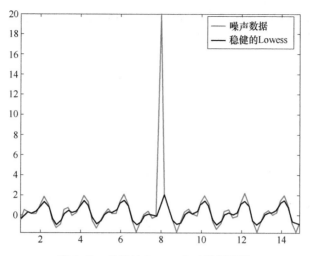

图 4-13 稳健的 Lowess 方法数据平滑

```
Amedian = smoothdata(Anoise,'movmedian');
plot(t,Anoise,t,Amedian)
axis tight
legend('Noisy Data','Moving Median')
```

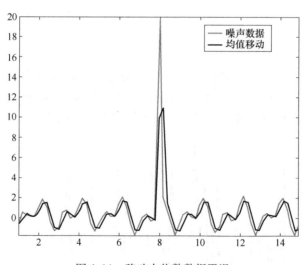

图 4-14 移动中位数数据平滑

当检测到离群值时，isoutlier 函数返回逻辑值 1。验证 Anoise 中离群值的索引和值。

```
TF = isoutlier(Anoise);
ind = find(TF)
ind = 36
Aoutlier = Anoise(ind)
Aoutlier = 20
```

可以使用 filloutliers 函数通过指定填充方法来替换数据中的离群值，如用紧挨 Anoise 中离群值右侧的邻点值填充该离群值（见图 4-15）。

```
Afill = filloutliers(Anoise,'next');
plot(t,Anoise,t,Afill)
axis tight
legend('Noisy Data with Outlier','Noisy Data with Filled Outlier')
```

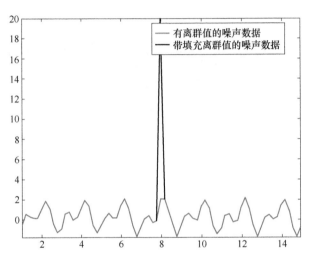

图 4-15 离群值

（4）非均匀数据 并非所有数据都由等间隔的点组成，这会影响数据处理的方法。创建一个 datetime 向量，其中包含 Airreg 中数据的不规则采样时间。time 向量表示前 30min 内每分钟采集一次的样本和两天内每小时采集一次的样本（见图 4-16）。

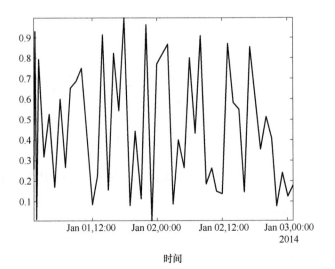

图 4-16 非均匀数据

```
t0 = datetime(2014,1,1,1,1,1);
timeminutes = sort(t0 +minutes(1:30));
timehours = t0 +hours(1:48);
time =[timeminutes timehours];
Airreg = rand(1,length(time));
plot(time,Airreg)
axis tight
```

默认情况下，smoothdata 按照等间距整数进行平滑处理，在本例中为 1，2，…，78。由于整数时间戳与 Airreg 中各点的采样不协调，前 30min 的数据在平滑后仍然出现噪声（见图 4-17）。

```
Adefault = smoothdata(Airreg,'movmean',3);
plot(time,Airreg,time,Adefault)
axis tight
legend('Original Data','Smoothed Data with Default Sample Points')
```

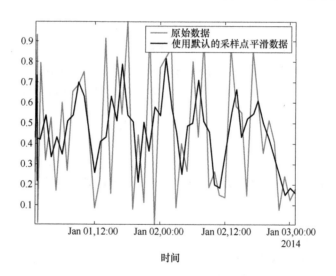

图 4-17 非均匀数据简单平滑

Matlab 中的许多数据处理函数（包括 smoothdata、movmean 和 filloutliers）允许用户提供样本点，从而确保其采样单位和频率处理数据。要消除 Airreg 中前 30min 数据的高频变化，可将 'SamplePoints' 选项和 time 中的时间戳结合使用（见图 4-18）。

```
Asamplepoints = smoothdata (Airreg,'movmean',hours(3),'SamplePoints',
time);
plot(time,Airreg,time,Asamplepoints)
axis tight
legend('Original Data','Smoothed Data with SamplePoints')
```

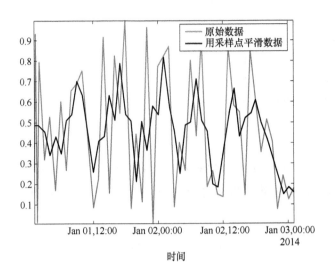

图 4-18   结合 'SamplePoints' 选项非均匀数据简单平滑

3. 拆分数据变量及应用

本部分介绍如何将表中的电力中断数据按电力中断的区域和原因拆分为不同的组。然后，应用函数以计算每个组的统计量，并将结果收集到表中。

（1）加载电力中断数据   示例文件 outages. csv 包含表示美国电力中断的数据。该文件包含 6 个列，即 Region、OutageTime、Loss、Customers、RestorationTime 和 Cause。将 outages. csv 读入表中。

```
T = readtable('outages.csv');
```

将 Region 和 Cause 转换为分类数组，将 OutageTime 和 RestorationTime 转换为 datetime 数组，显示前 5 行。

```
T.Region = categorical(T.Region);
T.Cause = categorical(T.Cause);
T.OutageTime = datetime(T.OutageTime);
T.RestorationTime = datetime(T.RestorationTime);
T(1:5,:)
ans=5×6 table
    Region       OutageTime       Loss     Customers    RestorationTime        Cause
    _____    _____  _____   _____   _____   _____

    SouthWest    2002-02-01 12:18  458.98   1.8202e+06   2002-02-07 16:50   winter storm
    SouthEast    2003-01-23 00:49  530.14   2.1204e+05                NaT   winter storm
    SouthEast    2003-02-07 21:15  289.4    1.4294e+05   2003-02-17 08:14   winter storm
    West         2004-04-06 05:44  434.81   3.4037e+05   2004-04-06 06:10   equipment fault
    MidWest      2002-03-16 06:18  186.44   2.1275e+05   2002-03-18 23:23   severe storm
```

（2）计算最大电力损失   确定每个地区因电力中断而造成的最大电力损失。findgroups

函数会返回 G（从 T. Region 创建的组数目向量）。splitapply 函数会使用 G 将 T. Loss 分为 5 个组，对应 5 个区域。splitapply 会将 max 函数应用于每个组并将最大电力损失串联到向量中。

```
G = findgroups(T. Region);
maxLoss = splitapply(@ max,T. Loss,G)

maxLoss = 5 × 1

10^4 ×

    2.3141
    2.3418
    0.8767
    0.2796
    1.6659
```

计算因不同原因导致的电力中断而造成的最大电力损失，要指定 Cause 为分组变量，需使用表索引。创建一个包含最大电力损失及其原因的表。

```
T1 = T(:,'Cause');
[G,powerLosses] = findgroups(T1);
powerLosses. maxLoss = splitapply(@ max,T. Loss,G)

powerLosses = 10 × 2 table
```

Cause	maxLoss
attack	582.63
earthquake	258.18
energy emergency	11638
equipment fault	16659
fire	872.96
severe storm	8767.3
thunder storm	23418
unknown	23141
wind	2796
winter storm	2883.7

因为 T1 是一个表，powerLosses 是一个表，可以将最大损失附加为另一个表变量。

计算每个地区因不同原因而造成的最大电力损失。要指定 Region 和 Cause 为分组变量，需使用表索引。创建一个包含最大电力损失的表，并显示前 15 行。

```
T1 = T(:,{'Region','Cause'});
[G,powerLosses] = findgroups(T1);
powerLosses. maxLoss = splitapply(@ max,T. Loss,G);
powerLosses(1:15,:)
```

```
ans =15 × 3 table

    Region          Cause              maxLoss
    _____          _____              _____

    MidWest         attack             0
    MidWest         energy emergency   2378.7
    MidWest         equipment fault    903.28
    MidWest         severe storm       6808.7
    MidWest         thunder storm      15128
    MidWest         unknown            23141
    MidWest         wind               2053.8
    MidWest         winter storm       669.25
    NorthEast       attack             405.62
    NorthEast       earthquake         0
    NorthEast       energy emergency   11638
    NorthEast       equipment fault    794.36
    NorthEast       fire               872.96
    NorthEast       severe storm       6002.4
    NorthEast       thunder storm      23418
```

（3）计算受影响客户的数量　确定不同原因和地区的电力中断对客户的影响。因为 T. Loss 包含 NaN 值，所以将 sum 打包在匿名函数中以使用 'omitnan' 输入参数。

```
osumFcn =@ (x)(sum(x,'omitnan'));
powerLosses.totalCustomers =splitapply(osumFcn,T.Customers,G);
powerLosses(1:15,:)
ans=15×4 table
    Region          Cause              maxLoss    totalCustomers
    _____          _____              _____    _____

    MidWest         attack             0          0
    MidWest         energy emergency   2378.7     6.3363e+05
    MidWest         equipment fault    903.28     1.7822e+05
    MidWest         severe storm       6808.7     1.3511e+07
    MidWest         thunder storm      15128      4.2563e+06
    MidWest         unknown            23141      3.9505e+06
    MidWest         wind               2053.8     1.8796e+06
    MidWest         winter storm       669.25     4.8887e+06
    NorthEast       attack             405.62     2181.8
    NorthEast       earthquake         0          0
    NorthEast       energy emergency   11638      1.4391e+05
    NorthEast       equipment fault    794.36     3.9961e+05
    NorthEast       fire               872.96     6.1292e+05
    NorthEast       severe storm       6002.4     2.7905e+07
    NorthEast       thunder storm      23418      2.1885e+07
```

（4）计算电力中断的平均持续时间　确定美国的所有电力中断的平均持续时间（以小

时为单位）。将电力中断平均持续时间添加到 powerLosses。因为 T. RestorationTime 包含 NaN 值，所以在计算平均持续时间时请忽略生成的 NaN 值。

```
D = T. RestorationTime-T. OutageTime;
H = hours(D);
omeanFcn = @ (x)(mean(x,'omitnan'));
powerLosses.meanOutage = splitapply(omeanFcn,H,G);
powerLosses(1:15,:)
ans=15×5 table
```

Region	Cause	maxLoss	totalCustomers	meanOutage
MidWest	attack	0	0	335.02
MidWest	energy emergency	2378.7	6.3363e+05	5339.3
MidWest	equipment fault	903.28	1.7822e+05	17.863
MidWest	severe storm	6808.7	1.3511e+07	78.906
MidWest	thunder storm	15128	4.2563e+06	51.245
MidWest	unknown	23141	3.9505e+06	30.892
MidWest	wind	2053.8	1.8796e+06	73.761
MidWest	winter storm	669.25	4.8887e+06	127.58
NorthEast	attack	405.62	2181.8	5.5117
NorthEast	earthquake	0	0	0
NorthEast	energy emergency	11638	1.4391e+05	77.345
NorthEast	equipment fault	794.36	3.9961e+05	87.204
NorthEast	fire	872.96	6.1292e+05	4.0267
NorthEast	severe storm	6002.4	2.7905e+07	2163.5
NorthEast	thunder storm	23418	2.1885e+07	46.098

第**5**章

数据探索与分析

探索性数据分析（Exploratory Data Analysis，EDA）是指对已有的数据（特别是调查或观察得来的原始数据）在尽量少的先验假定下进行探索，通过作图、制表、方程拟合、计算特征量等手段探索数据的结构和规律的一种数据分析方法，由美国著名统计学家约翰·图基（John W. Tukey）命名。1977 年，美国统计学家约翰·图基出版了《探索性数据分析》一书，引起了统计学界的关注。该书指出了统计建模应该结合数据的真实分布情况对数据进行分析，而不应该从理论分布假定出发去构建模型。

概括地说，分析数据可以分为探索和验证两个阶段。探索阶段强调灵活探求线索和证据，发现数据中隐藏的有价值信息，而验证阶段则着重评估这些证据，相对精确地研究一些具体情况。在验证阶段，常用的主要方法是传统的统计学方法，在探索阶段，主要的方法就是 EDA。

拿到一大堆杂乱无章的数据后，首先要充分展开想象的翅膀，从多角度和多层次猜想数据。通过作图，将数据可视化来直观展示其中隐藏的数据关联、趋势和模式。EDA 重新提出了描述统计在数据分析中的重要性。基本的描述统计包括计算某些特征量、绘制图表。

5.1 数据的特征统计量

对于成功的数据预处理而言，把握数据的全貌是至关重要的。基本统计描述用来识别数据的性质，显示哪些数据值为噪声或离群点。

用统计指标对定量数据进行统计描述，常从集中趋势和离散趋势两方面进行分析。

集中趋势度量数据分布的中部或中心位置。直观地说，就是它的值大部分落在何处，均值、中位数、众数是描述集中趋势最常见的指标。

除了估计数据的集中趋势外，还需要知道数据如何分散，反映数据散布的最常见指标是极差、百分位数、四分位数、四分位数间距、五数概括和盒图，以及数据的方差和标准差。

5.1.1 中心度量趋势：均值、中位数、众数

在中心趋势的度量中，最重要的就是**平均数（Mean）**或平均值了，即

$$\bar{x} = \frac{1}{n}\sum_{i=1}^{n} x_i \tag{5-1}$$

中位数（Median） 是对变量中心位置的另一种度量。将所有数据按升序排列后，位于中间的数值即为中位数。当观测值是奇数时，中位数就是位于中间的那个数值；当观测值是偶数时，定义中位数为中间两个观测值的平均值。

众数（Mode） 就是数据集中出现次数最多的数值。众数不一定是唯一的，出现次数最大的数值有可能有两个或更多。

Matlab 代码如下：

```
mean(X)       % X 为向量,返回 X 中各元素的平均值
mean(A)       % A 为矩阵,返回 A 中各列元素的平均值构成的向量
mean(A,2)     % 对矩阵 A 按照行计算平均值
median()      % 中位数,语法规则与 mean() 相同
mode()        % 众数,语法规则与 mean() 相同
```

例如，将某公司员工月薪数据按照升序重新排列：3310　3335　3450　3480　3480　3490　3520　3540　3550　3650　3730　3925，代码如下：

```
>> salary =[3310 3335 3450 3480 3480 3490 3520 3540 3550 3650 3730 3925];
>> mu =mean(salary)
>>me =median(salary)
>>mo =mode(salary)
mu =
    3.5383e +03
me =
        3505
mo =
        3480
```

5.1.2　常用的变异程度度量

1. 极差

极差（Range）是一种最简单的变异程度度量。极差易于计算，但是只对最大值和最小值这两个数据值敏感，即

$$极差 = 最大值 - 最小值 \tag{5-2}$$

2. 方差

方差（Variance）是利用所有数据对变异程度进行的度量。它建立在每个观察值（x_i）和均值之差的基础上，每个 x_i 与平均值（对样本而言是 $\bar{x}$，对总体而言是 μ）的差称为**平均值的离差**。需要注意的是，总体方差与样本方差的计算是稍有区别的。在大多数的数据分析中，需要分析的都是样本数据。计算样本方差时，更希望用它来估计总体方差 σ^2，如果样本平均值的离差平方和除以 $n-1$ 而不是 n，则所得到的样本方差⊖叫作总体方差 σ^2 的无偏

⊖　样本方差 s^2 是总体方差 σ^2 的点估计。

估计。

总体方差为

$$\sigma^2 = \frac{\sum (x_i - \mu)^2}{N} \tag{5-3}$$

样本方差为

$$s^2 = \frac{\sum (x_i - \bar{x})^2}{n - 1} \tag{5-4}$$

3. 标准差

标准差（Standard Deviation）为方差的正平方根。

总体标准差为

$$\sigma = \sqrt{\sigma^2} = \sqrt{\frac{\sum (x_i - \mu)^2}{N}} \tag{5-5}$$

样本标准差为

$$s = \sqrt{s^2} = \sqrt{\frac{\sum (x_i - \bar{x})^2}{n - 1}} \tag{5-6}$$

4. 标准差系数

在某些情况下，可能对表示标准差与平均值相对大小的描述性统计量产生兴趣，称为标准差系数（Coefficient of Variation），也称为变异系数，计算式为

$$标准差系数 = \frac{标准差}{平均数} \times 100\% \tag{5-7}$$

标准差系数是对变异程度的相对度量，它衡量相对平均值的大小，主要用于比较不同样本数据的离散程度。标准差系数越大，说明数据的离散程度越大。比如：1、2、3、4、5 和 101、102、103、104、105 这两组数的标准差一样，但显然前一组数变异程度更大，这时仅仅通过标准差已经无法衡量它们的变异程度了，但利用标准差系数就能很好地描述它们的变异程度。

5. 四分位数间距

在实际应用中，中位数用来刻画位置度量略显粗糙，人们经常需要将数据划分为四部分，每一部分大约包含 1/4 或 25% 的观测值。图 5-1 所示为一个被分为四部分的数据集。分割点称为四分位数（Quantiles），其定义如下。

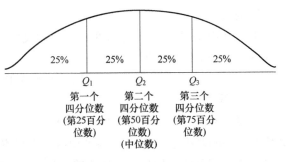

图 5-1　四分位数的位置

Q_1 = 第一个四分位数，或第 25 百分位数

Q_2 = 第二个四分位数，或第 50 百分位数（也就是中位数）

Q_3 = 第三个四分位数，或第 75 百分位数

例如，将某公司员工月薪数据按照升序重新排列：

3310　3335　3450 ｜ 3480　3480　3490 ｜ 3520　3540　3550 ｜ 3650　3730　3925。

对于 Q_1，位置 $i = 25\% \times n = 25\% \times 12 = 3$

由于位置 i 是整数，所以 Q_1 取第三个和第四个的平均值 $Q_1 = \dfrac{3450 + 3480}{2} = 3465$。如果位置 i 不是整数，则直接取 i 上整数对应的数值即可。若 $i = 3.2$，即排序后的第 4 个数即为 Q_1。同样可以求得 $Q_2 = 3505$（中位数）、$Q_3 = 3600$。

3310	3335	3450	3480	3480	3490	3520	3540	3550	3650	3730	3925
		$Q_1 = 3465$				$Q_2 = 3505$			$Q_3 = 3600$		

四分位数间距（Inter-Quantile Range，IQR）作为变异程度的一种度量，能够克服异常值的影响，它是第三个四分位数 Q_3 和第一个四分位数 Q_1 的差值。换句话说，四分位点内距就是数据中间 50% 的极差，即

$$\text{IQR} = Q_3 - Q_1 \tag{5-8}$$

Matlab 代码如下：

```
range(x)      %极差
iqr(x)        %四分位数间距
var(x)        %样本方差,常用方式
var(x,1)      %总体方差
std(x)        %样本标准差,常用方式
std(x,1)      %总体标准差
```

具体使用语法类似于前面的函数命令，当然常用的命令还有 sum（ ）（求和）、sort（ ）（排序）、cumsum（ ）（累计求和）等函数命令。

6. 百分位数

第 p 百分位数是满足下列条件的一个值：至少有 $p\%$ 的观测值不大于该值，且至少有 $(100 - p)\%$ 的观测值不小于该值。

四分位数是一种特殊的百分位数。

Matlab 代码如下：

```
prctile(X,p)    %用于求解百分位数,可用这个函数计算四分位数
>> x =[3310,3335,3450,3480,3480,3490,3520,3540,3550,3650,3730,3925];
>> Q1 =prctile(x,25)
Q1 =
       3465
```

注意：

均值的计算容易受到极端值的影响。为了克服极端值对均值的影响，有时使用截断均值概念。指定在 $0 \sim 100$ 之间的百分位数 p，丢弃高端和低端 $(p/2)\%$ 的数据，然后计算均值，所得结果即是截断均值。

5.1.3　分布形态

前面介绍了对数据中心趋势和离散趋势的度量方法，但对分布形态的度量往往也是很重要的，直方图对于分布的形态提供了很好的图形描述。分布形态的一个重要数值度量称为偏度（Skewness），即

$$偏度 = \frac{n}{(n-1)(n-2)}\sum\left(\frac{x_i-\bar{x}}{s}\right)^3 \tag{5-9}$$

图5-2 是根据相对频数分布绘制的4个直方图。图5-2a 和图5-2b 所示的直方图呈现一定程度的偏态。对于左偏的数据，偏度是负数，这时通常平均数比中位数要小；对于右偏的数据，偏度是正数，这时通常平均数比中位数要大；如果数据是对称的，则偏度为0，这时平均数等于中位数。

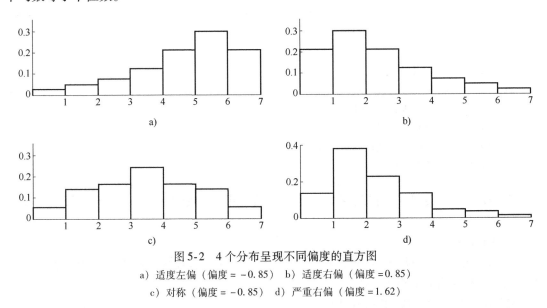

图5-2　4个分布呈现不同偏度的直方图
a) 适度左偏（偏度 = -0.85）　b) 适度右偏（偏度 = 0.85）
c) 对称（偏度 = -0.85）　d) 严重右偏（偏度 = 1.62）

5.2　基本统计描述的可视化

对于定性数据，采用的图形主要是条形图和饼图。对于定量数据，欲了解其分布形式是对称还是非对称以及发现异常值，采用的主要图形是直方图、箱形图、q-q 图、茎叶图、时间序列图和散点图等。

5.2.1　分类型数据频数分布及其可视化

例5.1　表5-1 是 X 公司员工收入基本状况调查表，用此表数据来说明对于分类型数据的频数统计及其数据可视化。

表5-1　X公司员工收入基本状况调查表

序　号	性　别	学　历	工 作 属 性	年　龄	年收入（元）
1	女	大专	体力劳动	34	19062.5
2	女	高中	体力劳动	41	28661.95

（续）

序　号	性　　别	学　　历	工作属性	年　龄	年收入（元）
3	男	初中	体力劳动	48	28420.05
4	女	大学以上	体力劳动	55	43335
5	男	大学	脑力劳动	42	21347.75
6	女	大专	体力劳动	57	15610.25
7	男	初中	体力劳动	45	14300
8	女	大专	体力劳动	50	22053.75
9	男	大专	体力劳动	61	27987.65
10	女	高中	体力劳动	44	41020
11	女	大学	脑力劳动	46	24531.3
12	男	大学以上	脑力劳动	47	37267.5
13	男	高中	脑力劳动	36	27241
14	女	大专	体力劳动	36	29799.05
15	男	高中	脑力劳动	32	23837.25
16	女	大学	脑力劳动	30	24302.13
17	男	大学以上	体力劳动	60	30255
18	女	大专	体力劳动	59	29260
19	男	大学以上	脑力劳动	42	28906.5
20	女	大学	脑力劳动	40	28012.5
21	女	初中	体力劳动	52	27375
22	女	高中	体力劳动	60	36242.5
23	女	大专	脑力劳动	42	26222.5
24	男	大学	体力劳动	52	21332.5
25	女	大学以上	脑力劳动	52	42917.5
26	男	大专	脑力劳动	36	14212.5
27	男	大专	脑力劳动	33	14357.5
28	女	大专	脑力劳动	52	17900
29	男	大学	脑力劳动	53	26237.5
30	女	高中	体力劳动	43	25875

```
clear;clc;
% 打开 excel 文件
job = readtable('X 公司员工收入基本状况调查表.xls');
% 这个文件必须在当前文件夹窗口里
% 工作区空间导入了一个 job 名 table 型数据变量
% 需要注意的是数据表现形式:字符变量上面有单引号,数值型变量没有
% 对于字符型变量大部分时候需要转换为分类变量
job.xb = categorical(job.xb);   % 将性别转换为分类变量
% 操作方法可以在工作区空间双击变量名
% 然后在打开的变量窗口中选择需要转换的列,右键选择转换为分类变量
% 然后将代码复制过来即可
job.xl = categorical(job.xl);   % 将学历转换分类变量
```

```
job.gz = categorical(job.gz);    % 将工作属性转换分类变量

% 分类汇总性别
summary(job.xb)
% 绘制性别饼图(见图5-3)
figure;
pie(job.xb);
% 按照性别计算平均年收入
Fnr = mean(job.sr(job.xb == '女'));
fprintf('女性平均年收入为:%.2f\n',Fnr);
Mnr = mean(job.sr(job.xb == '男'));
fprintf('男性平均年收入为:%.2f\n',Mnr);


% 分类汇总学历
summary(job.xl)
% 绘制学历直方图(见图5-4)
figure;
h = histogram(job.xl);
disp(h.Values);% 查看学历频数
% 按照学历计算平均年收入
Cnr = mean(job.sr(job.xl == '初中'));
fprintf('初中平均年收入为:%.2f\n',Cnr);
Gnr = mean(job.sr(job.xl == '高中'));
fprintf('高中平均年收入为:%.2f\n',Gnr);
Dnr = mean(job.sr(job.xl == '大专'));
fprintf('大专平均年收入为:%.2f\n',Dnr);
Pnr = mean(job.sr(job.xl == '大学'));
fprintf('大学平均年收入为:%.2f\n',Pnr);
Snr = mean(job.sr(job.xl == '大学以上'));
fprintf('大学以上平均年收入为:%.2f\n',Snr);
```

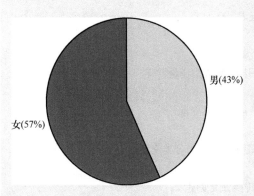

图5-3　性别饼图

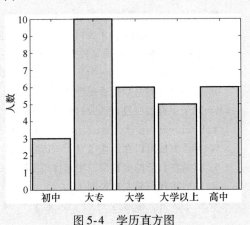

图5-4　学历直方图

例 5.2 使用 Matlab 数据统计信息。

（1）打开"数据统计信息对话框""数据统计信息"对话框可帮助您计算和绘制数据的描述性统计量。此示例说明如何使用 Matlab 数据统计信息来计算并绘制 24×3 矩阵 count 的统计量。该数据表示有多少辆车经过了 3 条街道上的交通计数站，如图 5-5 所示。

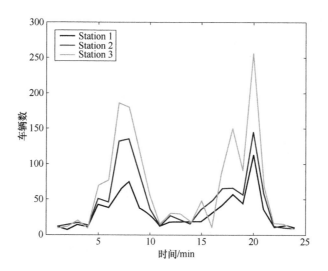

图 5-5   3 条街道上的交通计数站二维图

Matlab 数据统计仅可用于二维图，代码如下：

```
% 加载并绘制数据
load count. dat
[n,p] = size(count);
% Define the x-values(定义自变量)
t =1:n;
% Plot the data and annotate the graph(绘制数据并标注图形)
plot(t,count)
legend('Station 1','Station 2','Station 3','Location','northwest')
xlabel('Time')
ylabel('Vehicle Count')
```

注意：

图例包含每个数据集的名称，由 legend 函数指定 Station 1、Station 2 和 Station 3。数据集指绘制的数组中的每列数据。如果未命名数据集，则会分配默认名称 data1、data2，依此类推。

在绘图窗口中，执行"选择工具"→"数据统计信息"。打开"数据统计信息"对话框并显示 Station 1 数据集的 X 和 Y 数据的描述性统计量，如图 5-6 所示。

注意：

"数据统计信息"对话框显示一个极差，它是所选数据集中最小值和最大值之间的差值，不会在绘图上显示该范围。

在以下项的统计信息列表中选择另一个数据集 Station 2，将显示 Station 2 数据集的 X 和 Y 数据的统计量，如图 5-7 所示。选中要在绘图上显示的每个统计量的复选框，然后单击保存到工作区。

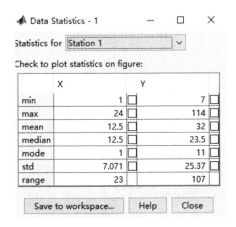

图 5-6　数据统计信息对话框

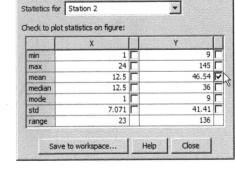

图 5-7　Station 2 数据集的统计量

例如，要绘制 Station 2 的均值，可在 Y 列中选中均值复选框，将绘制一条水平线表示 Station 2 的均值，并更新图例以包含此统计量，如图 5-8 所示。

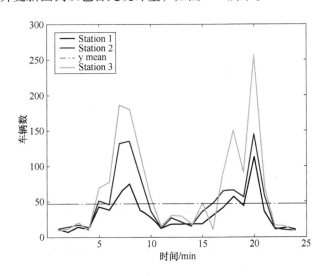

图 5-8　绘制一条水平线表示 Station 2 的均值

（2）设置绘图上数据统计量的格式　"数据统计信息"对话框使用颜色和线型将统计量与绘图上的数据区分开来。示例的此部分显示如何自定义绘图上描述性统计量，如颜色、线宽、线型或标记。

> **注意：**
> 在绘制完数据的所有统计量前，不要编辑统计量的显示属性。如果在编辑绘图属性后添加或删除统计量，则对绘图属性的更改将丢失。

要修改绘图上数据统计量的显示，需执行下列操作。

1）在 Matlab 窗口中，单击工具栏中的 ▨（编辑绘图）按钮。此步骤将启用绘图编辑。

2）双击要编辑其显示属性的绘图上的统计量，例如，双击表示 Station 2 均值的水平线。此步骤将在 Matlab 绘图窗口下方打开属性编辑器，可以在其中修改用于表示此统计量的线条外观，如图 5-9 所示。

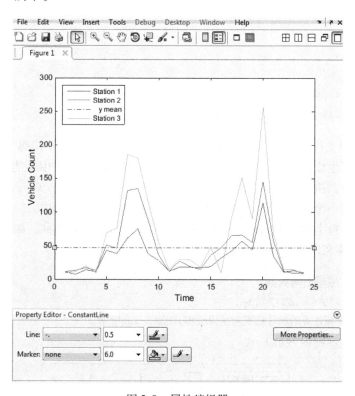

图 5-9 属性编辑器

在属性编辑器中，可指定线条和标记的样式、大小和颜色；也可以右键单击绘图上的统计量，从弹出的快捷菜单中选择一个命令。

（3）将统计量保存到 Matlab 工作区 执行下列步骤可将统计量保存到 Matlab 工作区。

> **注意：**
> 当绘图包含多个数据集时，可分别保存各数据集的统计量。要显示其他数据集的统计量，可从"数据统计信息"对话框下面的统计信息列表中选择该数据集。

在"数据统计信息"对话框中，单击"保存到工作区"按钮，在弹出的"将统计信息保存到工作区"对话框中，选择用于保存 X 数据或 Y 数据的统计量的选项。然后，输入相应的变量名称。

在本示例中，只保存 Y 数据。输入变量名"Loc2countstats"，单击"OK"按钮，如图 5-10 所示。

此步骤将描述性统计量保存到结构体中，新变量将添加到 Matlab 工作区中。

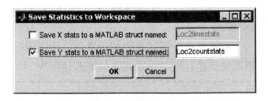

图 5-10 输入变量名并保存

（4）查看新结构体变量 可输入变量名称：

```
Loc2countstats
Loc2countstats =
        min:9
        max:145
       mean:46.5417
     median:36
       mode:9
        std:41.4057
      range:136
```

（5）生成代码文件 示例的此部分显示如何从图形生成 Matlab 代码文件，再将代码应用至新数据以重新生成相同格式的绘图和统计量。在 Matlab Online 中不能生成代码文件。

在绘图窗口中，执行"选择文件"→"生成代码"。

此步骤将创建一个函数代码文件，并将其显示在 Matlab 编辑器中。

将文件的第一行上的函数名称从 createfigure 更改为更具体的名称，如 countplot。使用文件名 countplot.m 将文件保存到当前文件夹中。

```
%生成一些新的随机计数数据
randcount =300 * rand(24,3);
%用新数据和重新计算的统计量重新生成绘图,如图 5-11 所示
countplot(t,randcount)
```

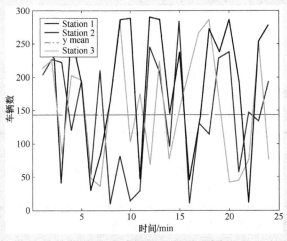

图 5-11 新数据生成的图形

5.2.2 直方图

1. histogram 函数绘制直方图

  `histogram(X)` %基于 X 创建直方图。histogram 函数使用自动离散化划分算法,然后返回均匀宽度的离散化,这些离散化可涵盖 X 中的元素范围并显示分布的基本形状。histogram 将离散化显示为矩形,这样每个矩形的高度就表示离散化中的元素数量
  `histogram(X,nbins)` %使用标量 nbins 指定的离散化数量
  `histogram(X,edges)` %将 X 划分到由向量 edges 来指定离散化边界内。除了同时包含两个边界的最后一个离散化外,每个离散化都包含左边界,但不包含右边界。

  例 5.3 创建直方图。

  1)生成 10000 个随机数并创建直方图。histogram 函数自动选择合适的离散化数量,以便涵盖 X 中的值范围并显示基本分布的形状,如图 5-12 所示。

```
x = randn(10000,1);
h = histogram(x)
```

  2)对分类为 25 个等距离散化的 10000 个随机数绘制直方图,如图 5-13 所示。

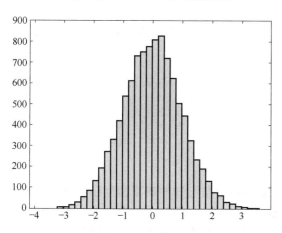

图 5-12　生成 10000 个随机数并创建直方图

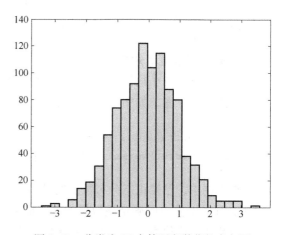

图 5-13　分类为 25 个等距离散化的直方图

```
x = randn(1000,1);
nbins = 25;
h = histogram(x,nbins)
```

  3)生 1000 个随机数并创建直方图。将离散化边界指定为向量,使宽离散化在直方图的两边,以捕获不满足 X < 2 的离群值。第一个向量元素是第一个离散化的左边界,而最后一个向量元素是最后一个离散化的右边界,如图 5-14 所示。

```
x = randn(1000,1);
edges = [-10 -2:0.25:2 10];
```

```
h = histogram(x,edges);
```

将 Normalization 属性指定为 'countdensity' 以使包含离群值的离散化扁平化。现在，每个离散化的区域（而不是高度）表示该离散化的观测值频率，如图 5-15 所示。

```
h.Normalization = 'countdensity';
```

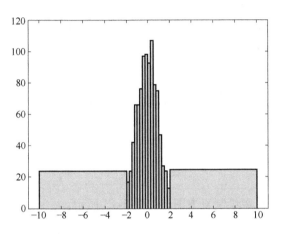

图 5-14　指定离散化边界并捕获离群值

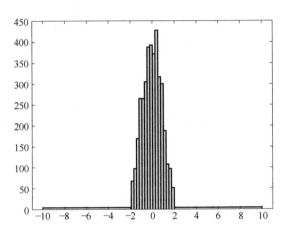

图 5-15　将包含离群值的离散化扁平化

2. 确定基本概率分布

1）生成 5000 个均值为 5、标准差为 2 的正态分布随机数。Normalization 属性值设置为 'pdf' 并绘制直方图，如图 5-16 所示。

```
x = 2 * randn(5000,1) +5;
histogram(x,'Normalization','pdf')
```

在本例中，已知正态分布数据的基本分布，通过将它与已知的概率密度函数进行对比，可以使用 'pdf' 直方图确定该数据的基础概率分布。

一般地，均值为 μ、标准差为 σ 以及方差为 σ^2 的正态分布的概率密度函数为

$$f(x,\mu,\sigma) = \frac{1}{\sigma\sqrt{2\pi}}\exp\left[-\frac{(x-\mu)^2}{2\sigma^2}\right]$$

2）对于均值为 5、标准差为 2 的正态分布，叠加一个概率密度函数图，如图 5-17 所示。

```
hold on
y = -5:0.1:15;
mu = 5;
sigma = 2;
f = exp( - (y-mu).^2./(2 * sigma^2))./(sigma * sqrt(2 * pi));
plot(y,f,'LineWidth',1.5)
```

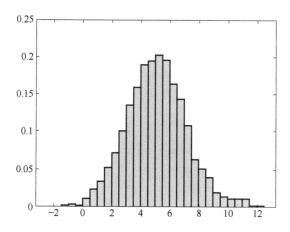

图 5-16　均值为 5、标准差为 2 的正态分布直方图

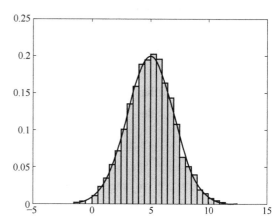

图 5-17　正态分布叠加概率密度函数曲线

例 5.4　对分类数据进行绘图。

此例演示了如何对分类数组中的数据绘图。

```
%加载样本数据
%加载从100位患者收集的样本数据
load patients
whos        %查询变量
Name                      Size         Bytes   Class      Attributes
    Age                   100x1        800     double
    Diastolic             100x1        800     double
    Gender                100x1        12212   cell
    Height                100x1        800     double
    LastName              100x1        12416   cell
    Location              100x1        15008   cell
    SelfAssessedHealthStatus 100x1     12340   cell
    Smoker                100x1        100     logical
    Systolic              100x1        800     double
    Weight                100x1        800     double
```

基于字符向量单元数组创建分类数组。

1）工作区变量 Location 是一个字符向量单元数组，它包含患者就医的 3 个唯一医疗机构。为了更方便地访问和比较数据，可将 Location 转换为一个分类数组。

```
Location = categorical(Location);
%汇总分类数组
summary(Location)
    County General Hospital      39
    St. Mary's Medical Center    24
    VA Hospital                  37
```

即有 39 位患者在 County General Hospital 就医，24 位患者在 St. Mary's Medical Center 就医，37 位患者在 VA Hospital 就医。

2）工作区变量。Self Assessed Health Status 包含 4 个唯一值，即 Excellent、Fair、Good 和 Poor。

将 SelfAssessedHealthStatus 转换为一个有序分类数组，这样这些类别采用数学排序 Poor < Fair < Good < Excellent。

```
SelfAssessedHealthStatus = categorical(SelfAssessedHealthStatus,...
    {'Poor' 'Fair' 'Good' 'Excellent'},'Ordinal',true);
% 汇总分类数组 SelfAssessedHealthStatus
summary(SelfAssessedHealthStatus)
    Poor        11
    Fair        15
    Good        40
    Excellent   34
```

3）绘制直方图。直接基于分类数组创建一个直方条形图，如图 5-18 所示。

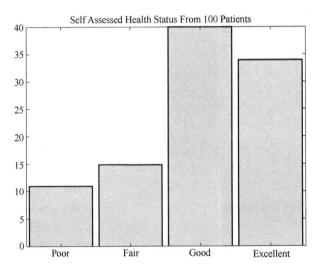

图 5-18　基于分类数组创建直方条形图

```
figure
histogram(SelfAssessedHealthStatus)
title('Self Assessed Health Status From 100 Patients')
```

函数 histogram 接受分类数组 Self Assessed Health Status，并对 4 个类别中的每个类别绘制类别计数。

4）仅为健康状况评估为 Fair 或 Poor 的患者绘制医院位置直方图，如图 5-19 所示。

```
figure
```

```
histogram(Location(SelfAssessedHealthStatus < = 'Fair'))
title('Location of Patients in Fair or Poor Health')
```

5）创建饼图。从分类数组直接创建饼图。

```
figure
pie(SelfAssessedHealthStatus);
title('Self Assessed Health Status From 100 Patients')
```

函数 pie 接受分类数组 Self Assessed Health Status，并绘制一个包含 4 个类别的饼图，如图 5-20 所示。

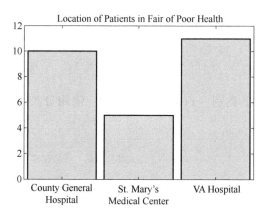

图 5-19　健康状况为 Fair、Poor 的患者所用医院位置直方图

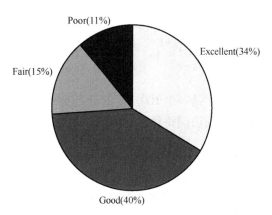

图 5-20　自评 100 名患者的健康状况饼图

6）创建帕累托图。根据 Self Assessed Health Status 的 4 个类别各自的类别计数创建帕累托图 pareto，如图 5-21 所示。

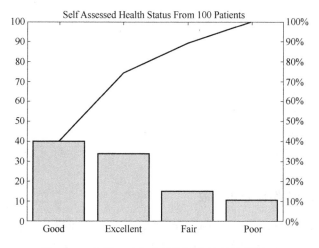

图 5-21　自评 100 名患者的健康状况帕累托图

```
figure
A = countcats(SelfAssessedHealthStatus);
C = categories(SelfAssessedHealthStatus);
    pareto(A,C);
    title('Self Assessed Health Status From 100 Patients')
```

pareto 的第一个输入参数必须是向量。如果分类数组为矩阵或多维数组，则在调用 countcats 和 pareto 之前将其重构为向量。

7）创建散点图。将字符向量单元数组转换为分类数组。

```
Gender = categorical(Gender);
% 汇总分类数组 Gender
summary(Gender)
    Female    53
    Male      47
```

Gender 是一个 100 × 1 的分类数组，包含两个类别（Female 和 Male）。使用分类数组 Gender 分别访问每种性别的 Weight 和 Height。

```
X1 = Weight(Gender == 'Female');
Y1 = Height(Gender == 'Female');
X2 = Weight(Gender == 'Male');
Y2 = Height(Gender == 'Male');
```

X1 和 Y1 是 53 × 1 的数值数组，包含女性患者的数据。

X2 和 Y2 是 47 × 1 的数值数组，包含男性患者的数据。

创建一个身高与体重的散点图。用圈表示女性患者的数据，用叉表示男性患者的数据，如图 5-22 所示。

```
figure
h1 = scatter(X1,Y1,'o');
hold on
h2 = scatter(X2,Y2,'x');
title('Height vs. Weight')
xlabel('Weight (lbs)')
ylabel('Height (in)')
```

5.2.3 分位数图和经验累计分布函数

分位数图（Quantile Plot）是一种观察单变量数据分布的简单、有效方法。首先，它显示给定属性的所有数据（允许用户评估总的情况和不寻常的情况）；其次，它绘出了分位数信息。对于某序数或数值属性 X，设 x_i（$i = 1, 2, \cdots, N$）是按递增顺序排序的数据，使得

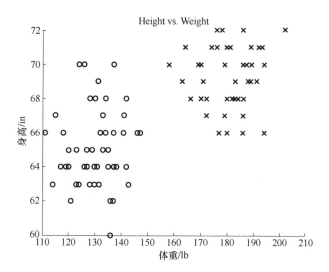

图 5-22 身高与体重散点图

注：$1\,\text{lb} \approx 0.45\,\text{kg}$，$1\,\text{in} \approx 2.54\,\text{cm}$。

x_1 是最小的观测值，而 x_N 是最大的。每个观测值 x_i 与一个百分数 f_i 配对，指出大约 $f_i \times$ 100% 的数据小于 x_i。所说"大约"，因为可能没有一个精确的百分数 f_i，使得数据的 $f_i \times$ 100% 小于 x_i。注意，百分比 0.25 对应于四分位数 Q_1，百分比 0.50 对应于中位数 Q_2，而百分比 0.75 对应于 Q_3。

令

$$f_i = \frac{i - 0.5}{N} \tag{5-10}$$

这些数从 $\dfrac{1}{2N}$（稍大于 0）到 $1 - \dfrac{1}{2N}$（稍小于 1），以相同的步长 $1/N$ 递增。在分位数图中，x_i 对应 f_i 画出，这使得我们可以基于分位数比较不同的分布。

在统计学中，与百分位图相对应的概念是**累积分布函数（Cumulative Distribution Function，CDF）**，显示点小于该值的概率。**经验累积分布函数（Empirical Cumulative Distribution Function，ECDF）**，显示点小于该值的百分比。比如，分别作出前面考试成绩数据的百分位图和累计分布函数图，如图 5-23 所示。

```
load data_score.txt
y = sort(data_score);
x = 1:60;
f = (x-0.5)./60;
plot(y,f,'ro')
hold on
cdfplot(data_score)
```

5.2.4 分位数-分位数图——q-q 图

分位数-分位数图（quantile-quantile plot）或 **q-q 图**对应着另一个分位数，它是绘制

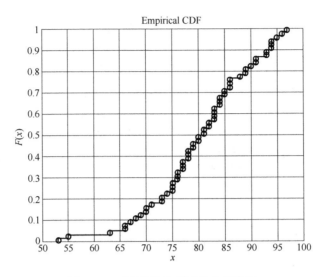

图 5-23　百分位图和累计分布函数图

一个**单变量**的分位数。它是一种强有力的可视化工具，使得用户可以观察从一个分布到另一个分布是否有漂移。在很多时候，**q- q 图**常用于检验一个变量是否与一个理论上的分位数（如正态分布）一致（图形是否呈线性），也常用于检验是否符合某种分布（正态分布）和比较两种数据是否具有相同分布。Matlab 中使用 qqplot( ) 函数来绘制 **q- q 图**。

例如，对两个不同班级的考试成绩可以通过 **q- q 图**得到形象、直观的比较（data2 文件中为两个班级某门科目考试成绩）。

```
load data2
qqplot(x,y)
```

从图 5-24 可以看出，第二个班级成绩在低分段表现比第一个班级要好（高于直线），在高分段的表现低于第一个班级（低于直线）。若第一个班级的数据是一个标准分布，也可以用来判断数据是否符合这个分布（越呈线性，表示分布形态越接近）。

实际中绝大部分数据都基本符合正态分布。Matlab 中也常使用 normplot( ) 函数来判断数据是否呈正态分布。

5. 2. 5　箱形图

箱形图（Box Plot）是基于五数概括法的数据图形汇总方法。构建箱形图的关键是计算中位数及四分位数 Q_1 和 Q_3，还需要使用四分位点内距 IQR （ $= Q_3 - Q_1$）。

在五数概括法（Five- Number Summary）中，使用下列 5 个数字来汇总数据。

1）最小值。

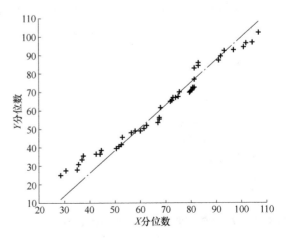

图 5-24　q- q 图

2）第一个四分位数（Q_1）。

3）中位数（Q_2）。

4）第三个四分位数（Q_3）。

5）最大值。

例5.5　对于下述这组数据：

3310　3335　3450　3480　3480　3490　3520　3540　3550　3650　3730　3925，作出箱形图。

图5-25是对应的箱形图。具体的作图步骤如下。

1）画箱形图时，把第一和第三四分位数作为箱体的边缘，$Q_1 = 3465$，$Q_3 = 3600$。该箱体包含了数据中间的50%。

2）在中位数（3505）位置与箱体内画一条垂线，因此中位数线就把数据平分为两部分。

3）通过使用四分位数间距 IQR $= Q_3 - Q_1$，定好界限的位置。箱形图的界限位置是在低于Q_1左侧1.5倍 IQR 处和高于Q_3右侧1.5倍 IQR 处。由于四分位数间距 IQR $= Q_3 - Q_1 = 3600 - 3465 = 135$，因此，界限位置就是 $3465 - 1.5 \times 135 = 3262.5$ 和 $3600 + 1.5 \times 135 = 3802.5$，界限外面的数据可被认为是异常值。

4）图5-25中的虚线被称为**触须线**（Whisker）。触须线从箱体边界一直画到步骤3）计算出的界限以内原始最小值和最大值处。因此，在本例中触须线的尽头在3310和3730处。

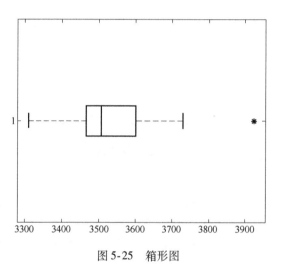

图5-25　箱形图

5）最后，每个异常值的位置用符号 ∗ 表示在图5-25中，看到了一个异常值3925。

在 Matlab 中运行下述代码即可得到箱形图：

```
>> x =[3310,3335,3450,3480,3480,3490,3520,3540,3550,3650,3730,3925];
>> boxplot(x,0,'r*',0)
```

箱形图的作用有以下几个。

1）箱形图非常直观地反映了样本数据的分散程度以及总体分布的对称性和尾重。

标准正态分布：中位数位于箱体中线上，箱体关于中位线对称。

当中位线越偏离箱体中心位置，分布偏态性越强。异常值在最小值一侧，分布呈左偏态；异常值在最大值一侧，分布呈右偏态。

2）利用箱形图可以直观地识别样本数据中的异常值。但它检测出的异常值不一定与 z 分数检测出的异常值相同。

3）可比较几组数据的形状。

箱形图 Matlab 代码如下：

```
boxplot(X)   %绘制数据 X 的箱形图。如果 X 是矩阵,则对每一列分别进行绘制
boxplot(X,'name',value)   % 按照 name 属性设置绘制数据 X 的箱形图
```

常用的属性见表 5-2。

表 5-2　箱形图常用属性

属性 name	属性值 value	含　义
Notch	on off marker	on 表示箱体有缺口 off 没有缺口 marker 表示在箱体中加两个三角形
Labels	mu	以 mu 标注横坐标。如 mu = 'good',图中横坐标点的注释就会变成 good
Whisker	数值	默认值为 1.5 赋予不同的数值,就会得到不同的最大值和最小值,异常值数量也随之改变
PlotStyle	compact	该属性会改变箱体的风格
Colors	r、g、b、y、m 等	设置箱线的颜色,r、g、b、y、m 分别表示红、绿、蓝、黄、洋红颜色
OutlierSize	数值	异常值点的大小
Widths	数值	箱体的宽度
DataLim	[num1,num2]	在 [num1,num2] 范围的箱形图

例 5.6　绘制均匀分布随机样本与指数分布随机样本的箱形图（见图 5-26）。

```
>> rng(0)
>> da = unifrnd(0,8,100,1);   %生成[0,8]上的 100 *1 均匀随机数
>> db = exprnd(1,100,1);       %生成 100 *1 个服从参数 λ =1 的指数分布随机数
>> boxplot([da,db],'Labels',{'均匀分布','指数分布'},'Notch','marker')
```

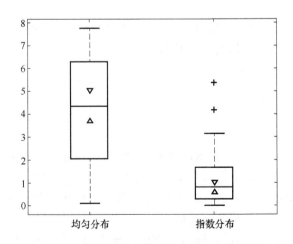

图 5-26　均匀分布与指数分布样本的箱形图

从图 5-26 可看到均匀分布的箱形图,最小值接近 0,最大值接近 8,中位数接近 4,符合均匀分布的规律。指数分布是偏度大于零的分布,即大部分随机变量集中在较小的值上。

指数分布中随机变量取值越大，数据越零散，还出现了两个离群点（异常值）。

例 5.7　绘制服从标准正态分布随机数箱形图（见图 5-27）。

```
rng default;
x = randn(100,10);    %生成服从标准正态分布的100×10 随机数
figure;
subplot(2,1,1);
boxplot(x,'Colors','r','OutlierSize',0.8,'Widths',0.5,'DataLim',[-2,2])
 subplot(2,1,2);
boxplot(x,'Colors','b','OutlierSize',1,'Widths',2,'PlotStyle','compact')
```

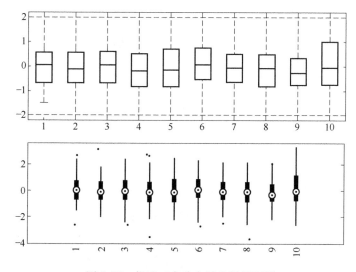

图 5-27　标准正态分布随机数箱形图

从图 5-27 可看到，第一个子图只显示 [-2, 2] 范围的箱形图，第二个子图箱体风格发生了改变。

5.2.6　散点图

散点图（scatter plot）是确定**两个数值变量之间**是否存在联系、模式或趋势的最有效的图形方法之一。

R. A. Fisher 在 1936 年发表的 Iris 数据中，研究鸢尾花的萼片长、宽以及花瓣长、宽。Iris 数据保存在 Matlab 的系统数据文件的 fisheriris.mat 中。图 5-28 是鸢尾花的萼片长、宽以及萼片长与花瓣长的散点图。

```
load fisheriris
subplot(1,2,1),plot(meas(:,1),meas(:,2),'ko');
subplot(1,2,2),plot(meas(:,1),meas(:,3),'ko');
```

在 Matlab 中除了使用 **plot**( ) 函数绘制散点图外，还可由专门的函数 **scatter**( ) 绘制散点图。图 5-29 是直接使用 scatter( ) 函数绘制的萼片长与花瓣宽的散点图。

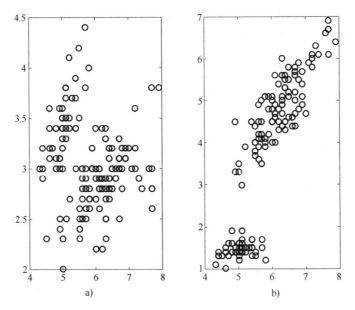

图 5-28　鸢尾花萼片长、宽以及萼片长、花瓣长散点图

a）花萼片长、宽散点图　b）萼片长、花瓣长散点图

```
scatter(meas(:,1),meas(:,4))
```

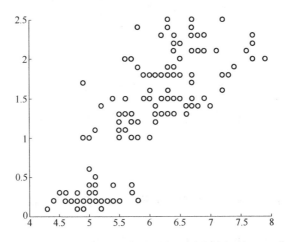

图 5-29　鸢尾花萼片长与花瓣宽散点图

　　散点图是一种观察**双变量数据**的实用方法，用于观察点簇和离群点，或考察相关关系的可能性。两个属性 X 和 Y，如果散点图呈线性趋势，则它们是**线性相关**（即可以用线性函数近似模拟）。线性相关可能是**正相关**、**负相关**或**不相关**。图 5-30 显示了两个属性之间正相关和负相关的例子。如果 Y 随 X 的增加而增加，则为正相关；反之为负相关。图 5-31 所示为两个属性之间不存在线性关系的情况。

　　数据可视化旨在通过图形清晰、有效地表达数据，数据可视化是数据科学至关重要的环节，当然对于数据可视化有多种技术和方法，这里就不一一赘述了。

图 5-30 散点图可以用来发现属性之间的相关性

a）正相关 b）负相关

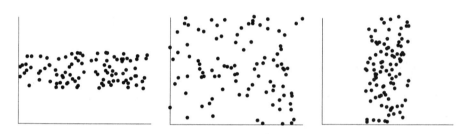

图 5-31 两个属性之间不存在线性相关性的 3 种情况

5.3 度量数据的相似性和相异性

在诸如聚类、离群点分析、最邻近分类和两变量（多变量）数据分析中，往往需要评估对象之间相互比较的相似或不相似程度。本节将给出两种基本的相似性与相异性的度量指标，即**相关系数**与**距离**。对于数值型属性，通常使用相关系数和距离来度量相似性和相异性。相似性与相异性是有关联的，如果两个对象不相似，则它们的相似性度量为 0，相似性值越高，对象之间的相似性越大（相似值为 1 表示完全相似，即对象是等同的）。相异性度量正好相反，如果对象相同，则相异性为 0，相异性值越高，两个对象越相异。

5.3.1 数据矩阵、相异性矩阵、相似性矩阵

通常，对于聚类和最邻近分类的算法都是在数据矩阵和相异性（相似性）矩阵这两种数据结构上进行的。

1）数据矩阵。这种矩阵将数据结果用 $n \times p$ 矩阵的形式来表示 n 个对象 p 个属性的数值。

$$\begin{bmatrix} x_{11} & \cdots & x_{1j} & \cdots & x_{1p} \\ \cdots & \cdots & \cdots & \cdots & \cdots \\ x_{i1} & \cdots & x_{ij} & \cdots & x_{ip} \\ \cdots & \ddots & \cdots & \ddots & \cdots \\ x_{n1} & \cdots & x_{nj} & \cdots & x_{np} \end{bmatrix} \tag{5-11}$$

2）相异性矩阵。该矩阵是存放 n 个对象两两之间的相异性的 $n \times n$ 矩阵，通常是距离，这是一个对称矩阵 $d(i,j) = d(j,i)$，主对角线元素全部为 0。

$$\begin{bmatrix} 0 & d(1,2) & d(1,3) & \cdots & d(1,n) \\ d(2,1) & 0 & d(2,3) & \cdots & d(2,n) \\ d(3,1) & d(3,2) & 0 & \cdots & \cdots \\ \cdots & \cdots & \cdots & \ddots & \cdots \\ d(n,1) & d(n,2) & \cdots & \cdots & 0 \end{bmatrix} \quad (5\text{-}12)$$

3）相似性矩阵。该矩阵是存放 n 个对象两两之间的相似性的 $n \times n$ 矩阵，通常使用相关系数，这是一个对称矩阵，即 $r(i,j) = r(j,i)$，使用相关系数时，主对角线元素通常为1。

$$\begin{bmatrix} r(1,1) & r(1,2) & r(1,3) & \cdots & r(1,n) \\ r(2,1) & r(2,2) & r(2,3) & \cdots & r(2,n) \\ r(3,1) & r(3,2) & r(3,3) & \cdots & \cdots \\ \cdots & \cdots & \cdots & \ddots & \cdots \\ r(n,1) & r(n,2) & \cdots & \cdots & r(n,n) \end{bmatrix} \quad (5\text{-}13)$$

5.3.2　数值属性的相似性：相关系数

本节将讨论描述两变量间相似性关系的参数，即协方差和相关系数。

1. 协方差

表5-3给出了周末电视广告播出次数与音响设备商店下周销售额之间的数据，商店经理想确定两者之间的关系。

表 5-3　样本数据

周次	电视广告播出次数 x	销售额 y/元	周次	电视广告播出次数 x	销售额 y/元
1	2	50000	6	1	38000
2	5	57000	7	5	63000
3	1	41000	8	3	48000
4	3	54000	9	4	59000
5	4	54000	10	2	46000

首先，通过绘制表5-3的散点图（见图5-32）可知，两者是正相关关系，较高的销售额（y）对应着较多的广告播放次数（x）。事实上，散点图暗示可以用一条直线来近似这种关系。

对于一个容量为 n 的样本，观测值为 (x_1, y_1)，(x_2, y_2)，…，(x_n, y_n)，将样本的**协方差**定义为

$$s_{xy} = \frac{\sum (x_i - \overline{x})(y_i - \overline{y})}{n-1} \quad (5\text{-}14)$$

对于上面的例子，很容易计算出 $s_{xy} = 11$。

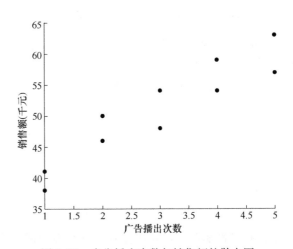

图 5-32　广告播出次数与销售额的散点图

如果是多个变量，按照式（5-14）的方式可以构造协方差矩阵。Matlab 中使用 cov（）函数来计算协方差，得到相应的协方差矩阵。

```
x =[2 5 1 3 4 1 5 3 4 2];
y =[50 57 41 54 54 38 63 48 59 46];
cov(x,y)

ans =
    2.2222  11.0000
   11.0000  62.8889
```

为了便于对样本协方差进行解释，参考图 5-33 所示。它与图 5-32 所示的散点图相同，只是在 $\bar{x}=3$ 处带有垂直虚线，在 $\bar{y}=51$ 处带有水平虚线。这两条线把图分成 4 个部分：区域 1 内的点对应着 x_i，大于 $\bar{x}$ 且 $y_i > \bar{y}$；第 2 区域内的点对应于 x_i，小于 $\bar{x}$ 且 $y_i > \bar{y}$，依此类推。因此，$(x_i - \bar{x})(y_i - \bar{y})$ 的值，对于区域 1 内的点一定为正，区域 2 内的点其值为负；区域 3 内的点其值又为正；区域 4 内的点其值为负。

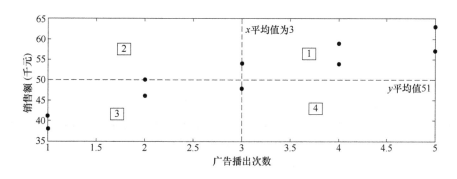

图 5-33　音像设备商店协方差意义说明图

如果 s_{xy} 的值是正值，那么对 s_{xy} 具有最大影响的点一定在区域 1 和区域 3 内，因此 s_{xy} 为正值就表示 x 和 y 之间存在正线性关系。也就是说，当 x 的值增大时，y 的值也增大。如果 s_{xy} 的值为负，对它具有最大影响的点一定在区域 2 和区域 4。因此，s_{xy} 的负值就表明 x 和 y 之间存在负线性关系。也就是说，当 x 的值增大时，y 的值减小。最后，如果各点均匀地分布在 4 个区域内，则 s_{xy} 的值将接近于零，表示 x 和 y 之间不存在线性关系。

再次参考图 5-33 所示，看到音像设备样本协方差的值为正，$s_{xy} = 11$。

通过以上讨论，看起来好像如果协方差为大的正值，就表示存在强烈的正线性关系；如果协方差为大的负值，就表示存在强烈的负线性关系。不过，在使用协方差作为线性关系强度的度量时，存在的一个问题，就是得到的协方差值依赖于对 x 和 y 进行度量的单位。例如，假定人们的身高为 x 和体重为 y，很明显，不管是使用米还是厘米为单位来度量身高，二者关系的强度都应该相同。可是，当高度以厘米为单位时，对于 $x_i - \bar{x}$ 的数值，显然计算结果比采用米度量时要大得多。因此，高度单位用厘米时，协方差计算公式中的分子 $\sum (x_i - \bar{x})(y_i - \bar{y})$ 的数值会更大，这样，协方差也会更大。但实际上在这两种情况下二者关系并没有任何差别。为了避免这种情况，可以使用**相关系数**（Correlation Coefficient）对两变量间的关系进行度量。

2. 相关系数

为了更准确地描述变量之间的线性相关程度，可以用相关系数进行分析。对于两个变量的相关性分析，比较常用的是皮尔逊（Pearson）积矩相关系数，其定义为

$$r_{xy} = \frac{s_{xy}}{s_x s_y} \tag{5-15}$$

式中，r_{xy} 为样本相关系数；s_{xy} 为样本协方差；s_x 为 x 的样本标准差；s_y 为 y 的样本标准差。

利用上面的数据，可以计算得 $r_{xy} = \dfrac{s_{xy}}{s_x s_y} = \dfrac{11}{1.49 \times 7.93} = 0.93$。

Matlab 中使用 corrcoef( ) 函数计算属性之间的相关系数。

```
x =[2 5 1 3 4 1 5 3 4 2];
y =[50 57 41 54 54 38 63 48 59 46];
corrcoef(x,y)
ans =
       1.0000    0.9305
       0.9305    1.0000
```

相关系数消除了两变量量纲的影响，标准化后的特殊协方差，反映两个变量每单位变化时的情况。

相关系数 r 的取值范围：$-1 \leqslant r \leqslant 1$，$r > 0$ 为正相关，$r < 0$ 为负相关，$r = 0$ 表示不存在线性关系，$|r| = 1$ 表示完全线性关系，$0 < |r| < 1$ 表示存在不同程度的线性相关，即

$$\begin{cases} |r| \leqslant 0.3 \text{ 为不存在线性相关} \\ 0.3 < |r| \leqslant 0.5 \text{ 为低度线性相关} \\ 0.5 < |r| \leqslant 0.8 \text{ 为显著线性相关} \\ |r| > 0.8 \text{ 为高度线性相关} \end{cases}$$

3. 散点图矩阵

当欲同时考察多个变量间的相关关系时，若一一绘制它们间的简单散点图，十分麻烦。此时可利用散点图矩阵来同时绘制各自变量间的散点图，这样可以快速发现多个变量间的主要相关性，这一点在进行多元线性回归时显得尤为重要。

同时还可以绘制各变量之间相关系数强度图，更为直观地反映变量间相关关系的强弱。Matlab 使用 plotmatrix( ) 函数绘制散点图矩阵，使用 imagesc( ) 函数绘制相关系数强度图。

比如，在 Matlab 中利用 plotmatrix( ) 函数和 imagesc( ) 函数可直接绘制出鸢尾花的 4 个变量的散点图矩阵（见图 5-34）和相关系数强度图（见图 5-35）。

```
load fisheriris
%绘制变量的散点图矩阵
plotmatrix(meas)
%计算相关系数
```

```
covmat = corrcoef(meas);
% 绘制变量相关系数强度图
figure
 imagesc(covmat);
 grid;
colorbar;
```

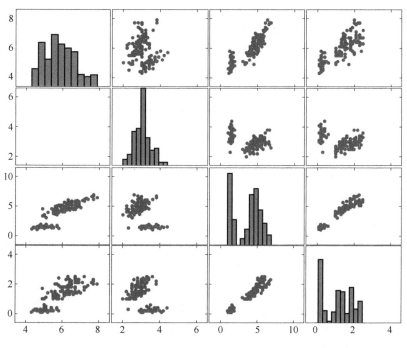

图 5-34　鸢尾花散点图矩阵

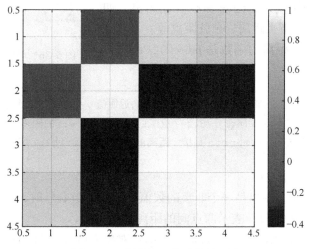

图 5-35　鸢尾花相关系数强度图

5.3.3　数值属性的相异性：距离

本小节介绍广泛用于计算数值属性相异性的距离度量。最常用的是**欧几里得距离和曼哈顿距离**。

在某些情况下，在计算距离之前数据应该规范化，使之落入较小的公共区域，如 $[-1, 1]$ 或 $[0, 1]$ 等。一般而言，用较小的单位表示一个属性将导致该属性具有较大的值域，因而趋向于给这种属性更大的影响或"权重"。规范化数据试图给所有属性相同的权重。在特定的应用中，这可能有用，也可能没用。

1. 欧几里得距离（Euclidean Distance）

最流行的距离度量是**欧几里得距离**（即直线距离）。令对象 $x_i = (x_{i1}, x_{i2}, \cdots, x_{ip})$ 和 $x_j = (x_{j1}, x_{j2}, \cdots, x_{jp})$，这是两个被 p 个数值属性描述的对象。两对象之间的欧几里得距离 $d(i, j)$ 定义为

$$d(i,j) = \sqrt{(x_{i1} - x_{j1})^2 + (x_{i2} - x_{j2})^2 + \cdots + (x_{ip} - x_{jp})^2} \tag{5-16}$$

2. 曼哈顿距离（Manhattan Distance）

另一个著名的距离度量是曼哈顿距离（或城市块距离、绝对距离）。之所以如此命名，是因为像曼哈顿这样的大城市有很多由横平竖直的街道所切成的街区。若计算开车从图中一个位置到另一个位置的距离，就是开车通过的街区数量，是街区的两个坐标分别相减，再相加，即 $|x_1 - x_2| + |y_1 - y_2|$。

曼哈顿距离一般定义为

$$d(i,j) = |x_{i1} - x_{j1}| + |x_{i2} - x_{j2}| + \cdots + |x_{ip} - x_{jp}| \tag{5-17}$$

在图 5-36 中，假如出租车从图中右上角点的位置到左下角点的位置，无论走左边、右边还是中间的线路，所表示的曼哈顿距离都是 12，而欧几里得直线距离为 $6\sqrt{2} \approx 8.48$。

除了上面介绍的距离外，还有一些其他距离，如闵可夫斯基距离、切比雪夫距离、余弦距离等。

在 Matlab 中，计算距离的函数是 pdist( )，调用格式如下：

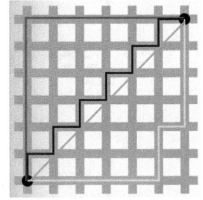

图 5-36　曼哈顿距离与直线距离

```
y = pdist(x)          %计算样本对的欧式距离,返回值 y 中的元素依次是样品对(2,1)(3,1)…
                        (n,1) (3,2)…(n,2)  …(n,n-1)的距离
y = pdist(x,metric)   %metric 是指定距离的方法,如'cityblock':绝对值距离
```

距离都满足以下数学性质。

非负性：$d(i,j) \geq 0$，距离是一个非负的数值，当且仅当 $i = j$ 时，$d(i, j) = 0$。

对称性：$d(i,j) = d(j,i)$，表示两点间的距离是对称的。

三角不等式：$d(i,j) \leq d(i,k) + d(k,j)$，即从对象 i 到对象 j 的直接距离不会大于途经对象 k 的距离。

5.4　数据降维——主成分分析

1. 基本思想

主成分分析（Principal Component Analysis，PCA）算法是 K. Pearson 在一个多世纪前提出的一种数据分析方法，其出发点是从一组属性（特征）中计算出一组按重要性从大到小排列的新属性（特征），它们是原有属性的线性组合，并且相互之间是不相关的。

设 x_1，x_2，$\cdots$，x_p 为 p 个原始属性，设新属性 y_i（$i = 1$，2，$\cdots$，p）是这些原始特征的线性组合，则有

$$\begin{cases} y_1 = a_{11}x_1 + a_{12}x_2 + \cdots + a_{1p}x_p \\ y_2 = a_{21}x_1 + a_{22}x_2 + \cdots + a_{2p}x_p \\ \qquad\qquad\qquad\vdots \\ y_p = a_{p1}x_1 + a_{p2}x_2 + \cdots + a_{pp}x_p \end{cases}$$

简写为

$$y_i = a_{i1}x_1 + a_{i2}x_2 + \cdots + a_{ip}x_p \quad i = 1, 2, \cdots, p \qquad (5\text{-}18)$$

其中，系数 $\boldsymbol{a}_i = (a_{i1}, a_{i2}, \cdots, a_{ip})$（$i = 1, 2, \cdots, p$）为常数向量，要求式（5-18）满足以下条件。

1）系数向量是单位向量，即

$$\boldsymbol{a}_i^{\mathrm{T}} \boldsymbol{a}_i = a_{i1}^2 + a_{i2}^2 + \cdots + a_{ip}^2 = 1 \quad i = 1, 2, \cdots, p \qquad (5\text{-}19)$$

2）y_i 与 y_j（$i \neq j$，i，$j = 1$，2，$\cdots$，p）互不相关，即

$$a_i^{\mathrm{T}} a_j = 0 \quad i = 1, 2, \cdots, p \qquad (5\text{-}20)$$

3）y_1，y_2，$\cdots$，y_p 的方差递减，即

$$\mathrm{Var}(y_1) \geqslant \mathrm{Var}(y_2) \geqslant \cdots \geqslant \mathrm{Var}(y_p) \geqslant 0 \qquad (5\text{-}21)$$

将式（5-18）写成矩阵形式，即

$$\boldsymbol{y} = \boldsymbol{A}^{\mathrm{T}} \boldsymbol{x} \qquad (5\text{-}22)$$

要求解的是最优的正交变换矩阵 $\boldsymbol{A}$，它使新特征 y_i 的方差达到极值。正交变换保证了新特征间不相关，而新特征的方差越大，则样本在该特征上的差异就越大，因而这一特征就越重要。

于是，y_1 为第一主成分，y_2 为第二主成分，依此类推，有 p 个主成分。根据 PCA 的算法，第一主成分对应 $\boldsymbol{X}$ 的协方差矩阵的第一特征向量，依此类推。

2. 主成分分析的计算步骤

假设样本观测数据矩阵为

$$\boldsymbol{X} = \begin{pmatrix} x_{11} & x_{12} & \cdots & x_{1p} \\ x_{21} & x_{22} & \cdots & x_{2p} \\ \vdots & \vdots & & \vdots \\ x_{n1} & x_{n2} & \cdots & x_{np} \end{pmatrix}$$

第一步， 对原始数据进行标准化处理，即 z 分数规范化。

$$x_{ij}^* = \frac{x_{ij} - \overline{x}_j}{\sqrt{\mathrm{var}(x_j)}} \quad i = 1, 2, \cdots, n; \quad j = 1, 2, \cdots, p$$

第二步，计算样本相关系数矩阵，即

$$R = \begin{bmatrix} r_{11} & r_{12} & \cdots & r_{1p} \\ r_{21} & r_{22} & \cdots & r_{2p} \\ \vdots & \vdots & & \vdots \\ r_{p1} & r_{p2} & \cdots & r_{pp} \end{bmatrix}$$

为方便计算，假定原始数据标准化后仍用 X 表示。

第三步，计算相关系数矩阵 R 的特征值（λ_1，λ_2，$\cdots$，λ_p）和相应的特征向量 $a_i = [a_{i1}, a_{i2}, \cdots, a_{ip}]$（$i = 1$，$2$，$\cdots$，$p$）。

第四步，选择重要的主成分，并写出主成分表达式。

主成分分析可以得到 p 个主成分，但是由于各个主成分的方差是递减的，包含的信息量也是递减的，所以实际分析时，一般不是选取 p 个主成分，而是根据各个主成分累计贡献率的大小选取前 k 个主成分，这里贡献率就是指某个主成分的方差占全部方差的比例，实际也就是某个特征值占全部特征值合计的比例，即

$$贡献率 = \frac{\lambda_i}{\sum_{i=1}^{p} \lambda_i} \tag{5-23}$$

贡献率越大，说明该主成分所包含的原始变量的信息越强。主成分个数 k 的选取，主要根据主成分的累积贡献率来决定，即一般要求累积贡献率达到 85% 以上，才能保证综合变量能包括原始变量的绝大多数信息。

另外，在实际应用中，选择了重要的主成分后，还要注意主成分实际含义解释。主成分分析中一个很关键的问题是如何给主成分赋予新的意义，给出合理的解释。一般而言，这个解释是根据主成分表达式的系数结合定性分析来进行的。主成分是原来变量的线性组合，在这个线性组合中变量的系数有大有小，有正有负，有的大小相当，因而不能简单地认为这个主成分是某个原变量属性的作用，线性组合中各变量系数的绝对值大者表明该主成分主要综合了绝对值大的变量，有几个变量系数大小相当时，应认为这一主成分是这几个变量的总和，这几个变量综合在一起应赋予怎样的实际意义，要结合具体实际问题和专业，给出恰当的解释，进而才能达到深入分析的目的。

第五步，计算主成分得分。

根据标准化的原始数据，按照各个样品，分别代入主成分表达式，就可以得到各主成分下各个样品的新数据，即为主成分得分。具体形式为

$$\begin{pmatrix} y_{11} & y_{12} & \cdots & y_{1k} \\ y_{21} & y_{22} & \cdots & y_{2k} \\ \vdots & \vdots & \ddots & \vdots \\ y_{n1} & y_{n2} & \cdots & y_{nk} \end{pmatrix} \tag{5-24}$$

第六步：依据主成分得分的数据，可以作进一步的统计分析。其中，常见的应用有主成分回归、变量子集合的选择、综合评价等。

3. PCA 算法的 Matlab 实现

Matlab 中对于主成分分析算法可以按照上面的分析自己编写代码实现，也可以使用 Matlab 已有的函数命令实现。

代码如下：

```
coeff = pca(X)
[coeff,score,latent] = pca(X)
[coeff,score,latent,tsquared,explained] = pca(X)
```

描述：

X：$n \times p$ 的原始数据集矩阵。

coeff：$p \times p$ 的矩阵，即式（5-18）中的矩阵 A^T，每一列包含一个主成分的系数，并且从第 1 列到第 p 列是按主成分变量的大小顺序排列的，即第一列为第一主成分，第二列为第二主成分，依此类推。

score：对主成分的打分，即式（5-24）的矩阵，该矩阵也是对应的 z 分数构成的矩阵。

latent：矩阵 X 所对应的协方差矩阵的特征值 λ_1，λ_2，$\cdots$，λ_p。它以一个列向量的形式呈现。

tsquared：Hotelling's T-squared 统计量，描述了第 i 个观察与数据集（样本观察矩阵 X）的中心之间的距离，可用来寻找远离中心的极端数据。

explained：是指每个主成分解释了百分之多少的方差，以列向量形式呈现，即贡献率。

> **注意：**
> 在 Matlab 的早期版本中，PCA 算法的主要函数为 princomp（）。

关于 PCA 算法的更多函数，可参考 Matlab 帮助文档。

4. 案例分析

表 5-4 列出了 2007 年我国 31 个省、直辖市、自治区的农村居民家庭平均每人全年消费性支出的 8 个主要变量数据。试根据这 8 个主要属性变量的观测数据进行主成分分析。

表 5-4　2007 年我国各地区农村居民家庭平均每人生活消费支出（单位：元）

地区	食品（sp）	衣着（yz）	居住（jz）	家庭设备及服务（fw）	交通和通信（jt）	文教娱乐用品及服务（wj）	医疗保健（yl）	其他商品及服务（qt）
北京	2132.51	513.44	1023.21	340.15	778.52	870.12	629.56	111.75
天津	1367.75	286.33	674.81	126.74	400.11	312.07	306.19	64.30
河北	1025.72	185.68	627.98	140.45	318.19	243.30	188.06	57.40
山西	1033.68	260.88	392.78	120.86	268.75	370.97	170.85	63.81
内蒙古	1280.05	228.40	473.98	117.64	375.58	423.75	281.46	75.29
辽宁	1334.18	281.19	513.11	142.07	361.77	362.78	265.01	108.05
吉林	1240.93	227.96	399.11	120.95	337.46	339.77	311.37	87.89
黑龙江	1077.34	254.01	691.02	104.99	335.28	312.32	272.49	69.98
上海	3259.48	475.51	2097.21	451.40	883.71	857.47	571.06	249.04
江苏	1968.88	251.29	752.73	228.51	543.97	642.52	263.85	134.41

（续）

地区	食品（sp）	衣着（yz）	居住（jz）	家庭设备及服务（fw）	交通和通信（jt）	文教娱乐用品及服务（wj）	医疗保健（yl）	其他商品及服务（qt）
浙江	2430.60	405.32	1498.50	338.80	782.98	750.69	452.44	142.26
安徽	1192.57	166.31	479.46	144.23	258.29	283.17	177.04	52.98
福建	1870.32	235.61	660.55	184.21	465.40	356.26	174.12	107.00
江西	1492.02	147.71	474.49	121.54	277.15	252.78	167.71	61.08
山东	1369.20	224.18	682.13	195.99	422.36	424.89	230.84	71.98
河南	1017.43	189.71	615.62	136.37	269.46	212.36	173.19	62.26
湖北	1479.04	168.64	434.91	166.25	281.12	284.13	178.77	97.13
湖南	1675.16	161.79	508.33	152.60	278.78	293.89	219.95	86.88
广东	2087.58	162.33	763.01	163.85	443.24	254.94	199.31	128.06
广西	1378.78	86.90	554.14	112.24	245.97	172.45	149.01	47.98
海南	1430.31	86.26	305.90	93.26	248.08	223.98	95.55	73.23
重庆	1376.00	136.34	263.73	138.34	208.69	195.97	168.57	39.06
四川	1435.52	156.65	366.45	142.64	241.49	177.19	174.75	52.56
贵州	998.39	99.44	329.64	70.93	154.52	147.31	79.31	34.16
云南	1226.69	112.52	586.07	107.15	216.67	181.73	167.92	38.43
西藏	1079.83	245.00	418.83	133.26	156.57	65.39	50.00	68.74
陕西	941.81	161.08	512.40	106.80	254.74	304.54	222.51	55.71
甘肃	944.14	112.20	295.23	91.40	186.17	208.90	149.82	29.36
青海	1069.04	191.80	359.74	122.17	292.10	135.13	229.28	47.23
宁夏	1019.35	184.26	450.55	109.27	265.76	192.00	239.40	68.17
新疆	939.03	218.18	445.02	91.45	234.70	166.27	210.69	45.25

```
clear;clc;
% 打开 excel 文件,文件名为 examp.xls
data = readtable('examp.xls');
% 拆分变量
dqname = data.dq; % 提取地区名
```

第一步，绘制箱形图。

```
figure;
boxplot(data1,'Labels',vars);
```

从箱形图（见图 5-37）中可以看出四分位间距有大有小，意味着不同特征数据变异性有大有小，同时意味着不同特征的方差有大有小，说明后面的主成分分析不能直接用原始数据操作，只能先进行数据标准化再作主成分分析，或者直接使用加权主成分分析。

第二步，使用主成分分析首先要求原来特征相关性比较密切。有以下两种方式。

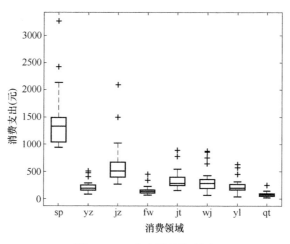

图 5-37　8 个变量的箱形图

① 制作散点图矩阵（见图 5-38）。

```
figure;
plotmatrix(data1);
```

② 计算相关系数。

```
r = corrcoef(data1);
disp(r);
```

图 5-38　8 个变量的散点图矩阵

第三步，进行主成分分析，最好是先将观察数据标准化，再作主成分分析；或者作加权主成分分析。

```
data1 = zscore(data1);　%将数据进行 z 分数标准化
% 利用 pca 函数对标准化后的原始观察数据作主成分分析
```

代码输出结果如下：

```
coeff =
0.3431     0.5035     0.3199    -0.0540    -0.0233    -0.4961     0.2838    -0.4431
0.3384    -0.4866    -0.4698     0.4032    -0.3003    -0.2240     0.2427    -0.2573
0.3552     0.1968    -0.5365    -0.5759     0.0954     0.3915     0.0612    -0.2225
0.3692     0.1088    -0.0094    -0.1808    -0.5714    -0.2354    -0.5508     0.3657
0.3752    -0.0547     0.1748    -0.0644     0.0246     0.0981     0.6231     0.6504
0.3587    -0.2208     0.5463     0.1209    -0.1923     0.5930    -0.1221    -0.3255
0.3427    -0.4783     0.1450    -0.2390     0.6201    -0.3271    -0.2901     0.0034
0.3441     0.4225    -0.1977     0.6279     0.3893     0.1638    -0.2570     0.1590
```

coeff：主成分系数，即式（5-18）中的系数。因此有

$y_1 = 0.3431x_1 + 0.3384x_2 + 0.3552x_3 + 0.3692x_4 + 0.3752x_5 + 0.3587x_6 + 0.3427x_7 + 0.3441x_8$ $y_2 = 0.5035x_1 - 0.4866x_2 + 0.1968x_3 + 0.1088x_4 - 0.0547x_5 - 0.2208x_6 - 0.4783x_7 + 0.4225x_8 + \cdots$，依此类推。

```
score =
    5.9541    -2.2203     0.6308    -0.0527    -0.2786    -0.4948    -0.0248    -0.0017
    0.3308    -0.8350    -0.3055    -0.1295     0.2685    -0.2011     0.4443    -0.1510
   -0.8923    -0.2047    -0.3571    -0.3368    -0.1210     0.2988    -0.0114     0.2755
   -0.8222    -0.7077    -0.1050     0.5950    -0.4269     0.3500     0.0184    -0.2306
    0.0111    -0.6750     0.4051     0.2669     0.3206     0.2472     0.1237    -0.0773
    0.4487    -0.3683    -0.2149     0.8315     0.2708     0.0292    -0.0439    -0.0044
   -0.1213    -0.6348     0.2032     0.4677     0.6190    -0.1036    -0.1593     0.0630
   -0.2357    -0.7793    -0.4848    -0.0349     0.4070     0.3055     0.1748    -0.1405
    9.2452     1.3354    -0.7018    -0.1934     0.2578     0.0228    -0.3668    -0.1275
    2.4797     0.5379     0.7765     0.5676    -0.2202     0.5212     0.0028     0.0668
    5.7951    -0.0460    -0.0430    -0.5484    -0.3318     0.1985     0.2888     0.0399
   -1.0918    -0.0493     0.1110    -0.2043    -0.2771     0.1090    -0.1961    -0.0102
    0.9318     0.8256     0.0918     0.3878    -0.3151    -0.0778     0.4663     0.1275
   -1.0374     0.4433     0.2810    -0.1418    -0.0208    -0.1032     0.1334    -0.1716
    0.5439    -0.2052     0.1717    -0.2251    -0.4386     0.3177    -0.0285     0.2331
   -1.0741    -0.0907    -0.5337    -0.1937    -0.1148     0.2357    -0.1254     0.1530
```

-0.4319	0.6415	0.1661	0.4258	-0.0538	-0.1051	-0.3750	0.1054
-0.2698	0.6192	0.3332	0.0717	0.1751	-0.2811	-0.2288	-0.2121
0.8484	1.6459	0.0554	0.1609	0.4701	-0.2558	0.3650	0.1364
-1.6456	0.6975	0.1665	-0.6683	0.1120	-0.0028	0.0628	-0.0401
-1.7888	0.9874	0.5313	0.2543	0.0904	0.1284	0.1263	-0.0017
-1.6986	0.1589	0.4479	-0.2121	-0.3020	-0.5301	-0.1798	-0.0768
-1.3130	0.2989	0.1663	-0.1472	-0.1935	-0.5380	-0.0793	-0.0238
-2.7981	0.2784	0.0289	-0.1842	-0.1393	0.2218	0.0652	-0.1352
-1.7217	0.2685	-0.0307	-0.7478	0.0820	0.0613	-0.0149	-0.1721
-1.8386	0.3280	-1.1474	0.6183	-0.7418	-0.2957	-0.0234	-0.0857
-1.2350	-0.4721	0.0308	-0.2018	0.2490	0.4568	-0.2382	-0.0038
-2.4005	-0.2229	0.2867	-0.2980	-0.0723	0.1464	-0.1408	-0.0101
-1.3999	-0.4905	-0.1902	-0.1386	0.1306	-0.4714	0.0446	0.3488
-1.1873	-0.3604	-0.2717	0.0506	0.4491	-0.0665	-0.1732	0.1878
-1.5850	-0.7043	-0.4983	-0.0396	0.1457	-0.1233	0.0934	-0.0610

score：主成分得分，表示经过主成分变换后，data1 的变量值变成了 score 的变量值。$(score)_{ij}$ 表示第 i 个城市的第 j 个主成分得分。

latent：主成分特征值从小到大排列，主要用于计算贡献率。

```
latent =
    6.8645
    0.5751
    0.1689
    0.1450
    0.0989
    0.0838
    0.0429
    0.0209
```

tsqure：检验量，表示每个城市与数据中心之间的距离，主要用来检验远离中心值的样本。

```
tsqure =
   19.8320
    8.8021
    6.5783
    9.3362
    4.6669
    6.1060
    7.2411
```

```
    6.9117
   23.3204
   11.1360
   10.5853
    2.3586
    9.3238
    3.0621
    6.4126
    4.4109
    6.1294
    5.9990
   12.0246
    4.7812
    4.9300
    7.2740
    4.7256
    3.2727
    5.9570
   18.0844
    5.3358
    2.8002
    9.7476
    5.3676
    3.4868
```

explained：贡献率，第一主成分贡献率为 85.81%，意味着 y1 中包含了原来 8 个特征中的 85.85% 的信息。

```
  explained =
     85.8068
      7.1889
      2.1115
      1.8121
      1.2359
      1.0477
      0.5362
      0.2609
```

或者直接用加权主成分分析。

```
w =1./var(data1);%设置权值,权值设置为逆方差
[coeff,score,latent,tsqure,explained] =pca(data1,'VariableWeights',w);
```

第四步，选择主成分，有两种方式。第一种方式自己计算累积贡献率来选择主成分，一般以累积贡献率到达 90% 为选择标准。

```
cumexplained = cumsum(explained);
cumexplained =
   85.8068
   92.9957
   95.1072
   96.9192
   98.1552
   99.2029
   99.7391
  100.0000
```

从贡献率上看（输出 explained），第一主成分的贡献率达到了 85.8068%，第二主成分的贡献率为 7.1889%。累积贡献率达到了 92.9957%，从第三主成分后，贡献率非常小，去掉对数据影响不大。假定选择的阈值为 90%，即只需要前两个主成分即可（即选择 coeff 输出的前两列）。

第二种方式，使用帕累托图可视化选择（默认以 95%）主成分，如图 5-39 所示。

```
figure;
pareto(explained);
```

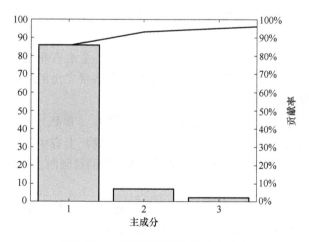

图 5-39　帕累托图可视化选择主成分

第五步，解释主成分。有两种方式：第一种方式绘制图像可视化，如图 5-40 所示。

```
figure;
plot(score(:,1),score(:,2),'ko');
title('第一主成分和第二主成分得分散点图');
```

```
xlabel('第一主成分');
ylabel('第二主成分');
```

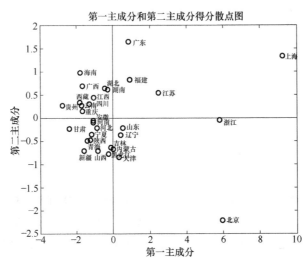

图 5-40　主成分散点图

结合系数矩阵 corff 分析，有

$y_1 = 0.3431x_1 + 0.3384x_2 + 0.3552x_3 + 0.3692x_4 + 0.3752x_5 + 0.3587x_6 + 0.3427x_7 + 0.3441x_8$

$y_2 = 0.5035x_1 - 0.4866x_2 + 0.1968x_3 + 0.1088x_4 - 0.0547x_5 - 0.2208x_6 - 0.4783x_7 + 0.4225x_8$

从第一主成分 y_1 的表达式来看，它在每个标准化变量上有相近的载荷，说明每个标准化变量对 y_1 的重要性差不多。也就是说，y_1 反映的是消费支出的综合水平，可认为第一主成分 y_1 是**综合性消费支出成分**。

从第二主成分 y_2 的表达式来看，它在标准化变量 x_1（食品）和 x_8（其他商品及服务）上有中等程度的正载荷，在 x_2（衣着）和 x_8（医疗保健）上有中等程度的负载荷。可结合第二主成分得分进行矩阵分析，反映了南北不同地区的消费倾向。所以，可认为第二主成分是**消费倾向成分**。

从图 5-40 中可以看出，经济相对比较发达的地区第一主成分得分比较大，经济相对落后地区第一主成分得分比较小，这符合常识，发达地区相对消费支出大些。第二主成分得分相对南方大些，北方地区小些，也确实反映了不同区域的消费倾向不同。南方在 x_1（食品）和 x_8（其他商品及服务）上消费多些，北方在在 x_2（衣着）和 x_8（医疗保健）消费多些。

```
% 利用 Matlab 内置函数 biplot 分析主成分,见图 5-41
figure;
biplot(coeff(:,1:2),'Scores',score(:,1:2),'VarLabels',vars);
```

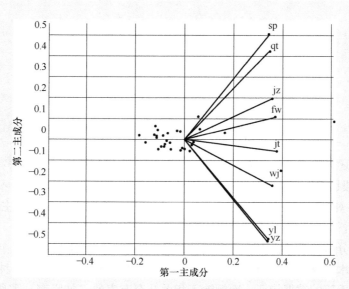

图5-41　8个变量的成分分析

第六步，模型应用。

第一种方式，用得分矩阵进行下一步建模，如基于主成分的回归分析。

第二种方式：基于主成分算法的综合评价，选择第一主成分和第二主成分进行综合排名。代码如下：

```
zsc = score(:,1) + score(:,2);%计算第一主成分和第二主成分得分和
[zs,idx] = sort(zsc,'descend');% zs 排序(降序)后的向量,idx 表示原来 zsc 的下标
位置
dqname1 = dqname(idx);
disp('消费能力地区排名');
disp(dqname1);
```

部分代码输出结果如下：

```
消费能力地区排名
    '上　海'
    '浙　江'
    '北　京'
    '江　苏'
    '广　东'
    '福　建'
    '湖　南'
    '山　东'
    '湖　北'
```

```
'辽  宁'
'天  津'
'江  西'
'内蒙古'
'吉  林'
'海  南'
'广  西'
```

在维归约上还有很多其他的算法，如因子分析、SVD 算法、LLE 算法、MDS、FastMap、ISOMAP 算法、投影寻踪算法等。

即使是 PCA 算法，也往往结合其他方法一起使用。比如：可以利用主成分分析算法进行排序，从而进行综合评价，也可结合回归分析来进一步分析。

与其他数据分析技术一样，在许多领域都可以区别不同的维技术。一个关键问题是结果的质量：一种技术能够产生相当可靠的、数据的较低维空间的表示吗？这种表示能够捕获那些预期的应用很重要的数据特征，而删除不相关甚至有害的（如噪声）那些方面吗？

从很大程度上讲，依赖于可以被维归约方法分析的数据类型和数据分布，像 PCA、SVD 和因子分析假定新旧属性集之间存在线性关系。尽管在许多情况下这种假定近似成立，但是还有些情况需要非线性方法，如 ISOMAP 和 LIE 等算法可以处理非线性关系。

第**6**章

多元线性回归模型

人们在日常生活和工作中常会遇到对两个或多个变量之间关系的分析。例如：

➤ 一个市场销售经理考虑了广告费用和销售收入之间的关系后，才可能尝试预测一个给定水平的广告费用能带来多少销售收入？

➤ 常识告诉我们，人的年龄越大血压越高，那么平均来说，60 岁比 50 岁的人血压高多少呢？

➤ 在一定的道路、环境条件下，汽车制动距离主要取决于车速，怎样估计一定车速下制动距离的大概范围？

这类问题有以下共同特点：人们关心的变量（因变量）受另外一个或几个变量（自变量）的影响，这种影响常常只是关联性（而非因果性）的，并且存在着众多随机因素，难以用机理分析方法找出它们之间的关系；人们需要建立这些变量之间的数学模型，使得人们能够根据自变量的数值预测因变量的大小，或者解释因变量的变化。

通常解决这类问题的大致方法和步骤如下。

1）收集一组包含因变量和自变量的数据。

2）选定因变量与自变量之间的模型，即一个数学式子，利用数据按照最小二乘准则计算模型中的参数。

3）利用统计分析方法对不同的模型进行比较，找出与数据拟合得最好的模型。

4）判断得到的模型是否适合于这组数据。

5）利用模型对因变量作出预测或解释。

回归在数据分析和机器学习中是最基础的方法，也是应用领域和应用场景最多的方法，只要是量化型问题，一般都先尝试用回归方法来研究或分析。

常见的回归算法如下。

（1）OLS 线性回归

1）工作原理：线性回归是一项统计建模技术，用来描述作为一个或多个预测自变量的线性函数的连续因变量。因为线性回归模型解释简单、易于训练，所以通常是第一个要与新数据集拟合的模型，如图 6-1 所示。

2）最佳使用时机：当需要易于解释和快速拟合算法时，线性回归可作为评估其他更复杂回归模型的基准。

（2）非线性回归

1）工作原理：非线性回归是一种有助于描述试验数据中非线性关系的统计建模技术。通常将非线性回归模型假设为参数模型，将该模型称为非线性方程，如图 6-2 所示。

2）最佳使用时机：当数据有很强的非线性趋势，不容易转化成线性空间时，可适用于自定义模型与数据拟合。

（3）高斯过程回归

1）工作原理：高斯过程回归（GPR）模型是非参数模型，用于预测连续因变量的值。这些模型广泛用于对存在不确定情况下的插值进行空间分析的领域。GPR 也称为克里格法（Kriging），如图 6-3 所示。

2）最佳使用时机：适用于对空间数据插值，如针对地下水分布的水文地质学数据、作为有助于优化汽车发动机等复杂设计的替代模型。

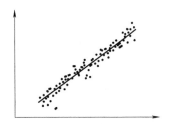 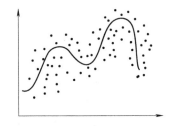 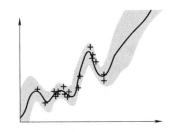

图 6-1　线性回归算法　　　　　图 6-2　非线性回归算法　　　　　图 6-3　高斯过程回归算法

（4）SVM 回归

1）工作原理：SVM 回归算法类似于 SVM 分类算法，但经过改良，能够预测连续响应。不同于查找一个分离数据的超平面，SVM 回归算法查找一个偏离测量数据的模型，偏离的值不大于一个小数额，采用尽可能小的参数值（使算法对误差的敏感度最小），如图 6-4 所示。

2）最佳使用时机：适用于高维数据（将会有大量的预测自变量）。

（5）广义线性模型

1）工作原理：广义线性模型是使用线性方法的非线性模型的一种特殊情况。它涉及输入的线性组合与输出的非线性函数（连接函数）拟合，如图 6-5 所示。

2）最佳使用时机：当因变量有非正态分布时，如始终预期为正值的因变量。

（6）回归决策树

1）工作原理：回归决策树类似于分类决策树，但经过改良能够预测连续响应，如图 6-6 所示。

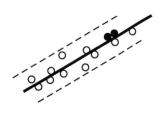 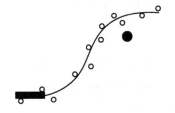 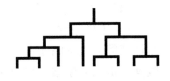

图 6-4　SVM 回归算法　　　　　图 6-5　广义线性模型　　　　　图 6-6　回归决策树算法

2）最佳使用时机：当预测自变量为无序类别（离散）或表现非线性时。

应用案例

预测能量负荷

一家大型煤气和电力公司的公用事业分析师开发了能够预测第二天能量需求的模型。电网操作人员使用这些模型能够优化资源，安排电厂发电。每个模型均可访问中央数据库中的历史电力消耗记录和价格数据、天气预报以及各发电厂的参数，包括最大功率输出、效率、成本和所有影响工厂调度的运营约束。

分析师寻找一个模型，对测试数据集提供较低的平均绝对百分比误差（MAPE）。在尝试几个不同类型的回归模型后，最后确定了神经网络，由于其能够捕获系统的非线性行为，所以可提供最低的 MAPE。

回归模型是机器学习中最基本的算法，在实际使用中需要不断尝试各种模型及改进模型，使用回归模型通常如图 6-7 所示。

1）改进模型。改进模型意味着提高其准确性和预测能力，防止过拟合（当模型无法区分数据和噪声时）。模型改进涉及特征工程（特征选择和变换）和超参数调优。

2）特征选择。识别最相关的特征或变量，在数据建模时提供最佳预测能力，这可能意味着向模型添加变量或移除不能改进模型性能的变量。

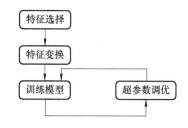

图 6-7　回归模型流程

3）特征变换。使用主成分分析、非负矩阵因式分解和因子分析等技术，将现有特征转变为新特征。

4）训练模型。使用回归模型对数据进行训练，得到相应的回归参数。

5）超参数调优。识别能提供最佳模型的参数集的过程，通过参数改进模型，如超参数控制机器学习算法如何实现模型与数据拟合。

6.1　概述

在介绍 OLS 线性回归模型时，假定读者已经接触了最小二乘估计法，不过为了不增加大家对模型理解的难度，这里尽量少使用数学推导和符号。

现得到 m 组独立观测数据 $(y_i,\ x_{i1},\ x_{i2},\ \cdots,\ x_{im})$，则 OLS 回归模型的基本形式为

$$y = \beta_0 + \beta_1 x_1 + \beta_2 x_2 + \cdots + \beta_m x_m + \varepsilon \qquad (6\text{-}1)$$

式中，β_0，β_1，β_2，$\cdots$，β_m 为参数；ε 为随机误差。

仔细观测这个模型就会发现，y 是 x_1，x_2，$\cdots$，x_m（$\beta_0 + \beta_1 x_1 + \beta_2 x_2 + \cdots + \beta_m x_m$）部分的线性函数加上随机误差部分 ε。误差部分说明了 y 里不能被 m 个自变量之间的线性关系解释的差异。

当 $m=1$ 时，称为**一元线性回归**；当 $m>1$ 时，称为**多元线性回归**。

在回归模型里，假设 ε 的均值或期望值为零。这一假设的推论是：y 的平均值或期望值用 $E(y)$ 表示，等于 $\beta_0 + \beta_1 x_1 + \beta_2 x_2 + \cdots + \beta_m x_m$。式（6-1）也经常表示为

$$E(y) = \beta_0 + \beta_1 x_1 + \beta_2 x_2 + \cdots + \beta_m x_m \qquad (6\text{-}2)$$

或
$$\hat{y} = \beta_0 + \beta_1 x_1 + \beta_2 x_2 + \cdots + \beta_m x_m \tag{6-3}$$
多元线性回归的步骤可以简单用图 6-8 表示。

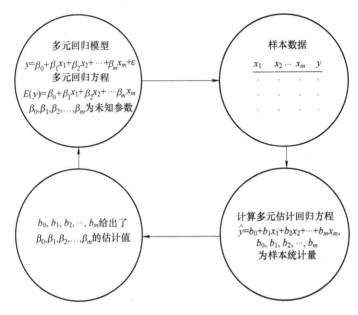

图 6-8   多元线性回归的步骤

那么如何求参数 β_0，β_1，β_2，$\cdots$，β_m。简单线性回归模型使用最小二乘准则，即
$$\min \sum (y_i - \hat{y}_i)^2 \tag{6-4}$$
式中，y_i 为因变量的第 i 次观测值；$\hat{y}_i$ 为因变量的第 i 次估计值。

因变量的估计值可以利用多元线性回归方程 $\hat{y} = \beta_0 + \beta_1 x_1 + \beta_2 x_2 + \cdots + \beta_m x_m$ 来计算。

在多元线性回归中计算回归系数 β_0，β_1，β_2，$\cdots$，β_m 将涉及矩阵知识，就不介绍了，这里只集中讨论利用 Matlab 来计算回归系数。

当确定模型后，需要对回归拟合效果进行评价，当有几种回归模型后，还需要加以比较，选出较好的模型，常用的准则如下。

（1）拟合系数 R^2 其定义为
$$R^2 = 1 - \frac{\text{SSE}}{\text{SST}} \tag{6-5}$$
式中，$\text{SSE} = \sum (y_i - \hat{y}_i)^2$ 为残差平方和；$\text{SST} = \sum (y_i - \bar{y})^2$ 为总平方和。

显然 $R^2 \le 1$。拟合系数可理解为因变量 y 的变异程度能被估计多元线性回归方程所解释的比例。

由于增加自变量将影响到 R^2 的值，为了避免高估这一影响，许多统计学家提出了用自变量的数目去修正 R^2 的值。如果模型增加一个自变量，即使所增加的自变量在统计上并不显著，R^2 也会变大。修正多元拟合系数补偿了模型中自变量个数的影响，修正多元判定拟合系数 R_a^2 计算式为
$$R_a^2 = 1 - (1 - R^2) \frac{n-1}{n-m-1} \tag{6-6}$$

（2）模型的假定　关于多元回归模型 $y = \beta_0 + \beta_1 x_1 + \beta_2 x_2 + \cdots + \beta_m x_m + \varepsilon$ 中误差项 ε 的假定要注意以下几点：

1）误差项 ε 是一个随机变量，其均值或者期望值为 0，即 $E(\varepsilon) = 0$。

2）对于所有的自变量 x_1，x_2，$\cdots$，x_m 的值，ε 的方差多是相同的。用 σ^2 表示 ε 的方差，这意味着 y 的回归值方差也等于 σ^2。

3）ε 的值是互相独立的。这意味着自变量的一组特定值所对应的误差项与自变量的任意一组其他值所对应的误差项是不相关的。

4）误差项 ε 是一个服从随机正态分布的随机变量，它反映了 y 值和由 $\beta_0 + \beta_1 x_1 + \beta_2 x_2 + \cdots + \beta_m x_m$ 给出的期望值之间的离差。这意味着对于给定的 x_1，x_2，$\cdots$，x_m 值，因变量 y 也呈正态分布。

（3）显著性检验

1）F 检验

$$H_0 : \beta_1 = \beta_2 = \cdots \beta_m = 0$$
$$H_1 : \beta_i \ (i = 1, 2, \cdots, m)$$

上面两式中，至少有一个参数不等于 0。

构造 F 统计检验量，即

$$F = \frac{\text{MSR}}{\text{MSE}} = \frac{\dfrac{\text{SSR}}{m}}{\dfrac{\text{SSE}}{(n - m - 1)}} \qquad (6\text{-}7)$$

式中，SSR = SST - SSE。

如果计算出的统计检验量 $F \geq F(m, n - m - 1, \alpha)$，通常取 $\alpha = 0.05$，则通过检验，即说明模型至少在数据统计上是有意义的，这是从整体上检验模型是否通过统计上的检验。

2）t 检验。如果 F 检验显示了多元线性回归关系在总体上是显著的，那么 t 检验就能帮助我们确定每个参数的显著性问题，即

$$H_0 : \beta_i = 0 \quad i = 1, 2, \cdots, m$$
$$H_1 : \beta_i \neq 0$$

利用 p 值检验法，如果 $p \leq \alpha$（显著性水平），则拒绝 H_0。这意味着对应的 x_i 的系数可能等于 0，也就是说，这一项的自变量可能对因变量 y 没有影响。

（4）多重共线性　在回归分析中使用自变量来表示用于预测或解释因变量的任何变量，但是这个术语并不意味着自变量本身在统计意义上是独立的。恰恰相反，在多元线性回归问题中大部分自变量在一定程度上都是彼此相关的。在多元线性回归分析中，**多重共线性**（**Multicollinearity**）指的就是自变量之间的这种关系。

总之，在对单个参数的显著性进行 t 检验时，由多重共线性而引起的困难在于，当 F 检验显示多元线性回归方程总体呈显著性时，有可能得出结论，即没有一个单独参数是显著地不等于零。这个问题只有在自变量之间相关性很小时才能回避。

为了确定多重共线性是否达到足够的程度以至于对模型估计产生影响，统计学家们已经开发出几种检验方法。对于带两个自变量的情形，如果它们的样本相关系数的绝对值超过 0.7，根据经验检验方法的规律，多重共线性将有可能成为潜在问题。

如果可能，应该尽一切努力去回避包含高度相关的自变量。然而在实际中很难严格遵守这一规则，决策者们必须意识到，当他们有理由相信严重的多重共线性关系存在时，将每个单独自变量对因变量的影响区分开将是一件很困难的事。

（5）利用回归模型进行预测　利用回归方程 $\hat{y} = \beta_0 + \beta_1 x_1 + \beta_2 x_2 + \cdots + \beta_m x_m$，给出一组具体的自变量的值，能得到对应的预测值的点估计。

为了建立关于 y 的平均值和某个别值的区间估计，利用类似于包含一个自变量的回归分析步骤。虽然所需要的公式已经超出了本书的讨论范围，但是对于多元线性回归分析，一旦设定了自变量 x_1，x_2，$\cdots$，x_m 的值，则计算机软件往往能提供这些区间估计。

6.2　一元曲线拟合

6.2.1　案例1——百货商场销售额

一元非线性拟合可以通过 Matlab 的"Curve Fitting"APP 来实现。

为了了解百货商店销售额 x 与流通费率 y（这是反映商业活动的一个质量指标，指每元商品流转额所分摊的流通费用）之间的关系，收集了 12 个商店的有关数据。

x：1.5，2.8，4.5，7.5，10.5，13.5，15.1，16.5，19.5，22.5，24.5，26.5

y：7.0，5.5，4.6，3.6，2.9，2.7，2.5，2.4，2.2，2.1，1.9，1.8

试分别对它进行多项式（一元二次）、对数、指数和幂函数曲线拟合，并最后对结论进行比较。

步骤1　准备数据，在命令窗口中输入以下代码：

```
clear;clc;
x=[1.5,2.8,4.5,7.5,10.5,13.5,15.1,16.5,19.5,22.5,24.5,26.5];
y=[7.0,5.5,4.6,3.6,2.9,2.7,2.5,2.4,2.2,2.1,1.9,1.8];
```

步骤2　打开"Curve Fitting"APP。在 APP 选项卡中单击"Curve Fitting"按钮，界面如图 6-9 所示。

步骤3　在 Curve Fitting 界面选择对应的数据，在"X data"下拉列表框中选择"x"，在"Y data"下拉列表框中选择"y"，如图 6-10 所示。导入后，立即得到一元线性 $y = ax + b$ 拟合。

步骤4　通过从"Degree"下拉列表框中选择"2"，可将拟合更改为二次多项式。

曲线拟合应用程序绘制新的拟合。"曲线拟合"应用程序会在更改拟合设置时计算新拟合，是因为默认情况下会选择"自动调整"。若重新安装则非常耗时，如对于大型数据集可以通过清除复选框来关闭"自动调整"功能。

使用二次多项式拟合的结果，曲线拟合应用程序会将其显示在"Results"窗口中，可以在其中查看库模型、拟合系数和拟合优度统计数据，如图 6-11 所示。

步骤5　修改"Fit name"为"poly2"。

步骤6　展示残差图，可选择"View→Residuals Plot"菜单命令，用残差表示这一商业活动效果更佳。因此，继续分析流通费率的各种拟合。

步骤7　添加新拟合以尝试其他库方程式。在圆圈地方单击下拉箭头，选择下拉列表框

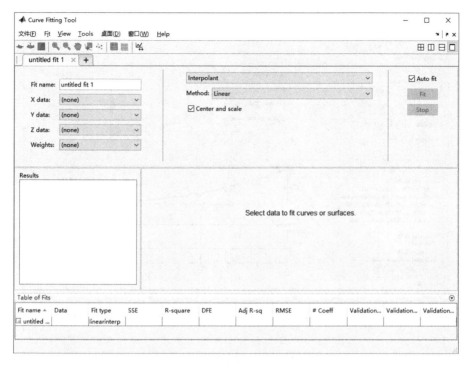

图 6-9　Curve Fitting Tool 界面

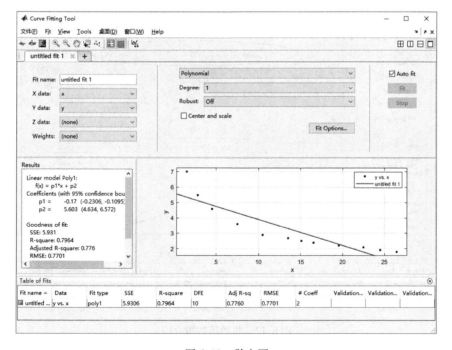

图 6-10　散点图

中的"Exponential"函数，在"Number of terms"下拉列表框中选择"1"，在下方会看到指数函数的表示形式。在左侧"Results"窗口中可以看到模型的具体信息，如图 6-12 所示。

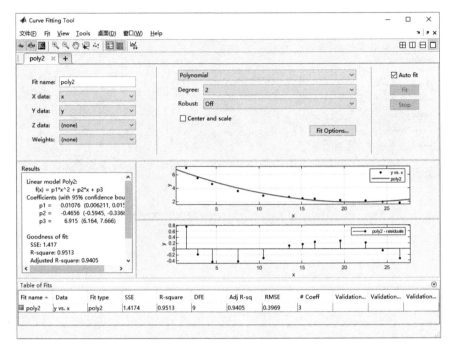

图 6-11　二次多项式拟合图

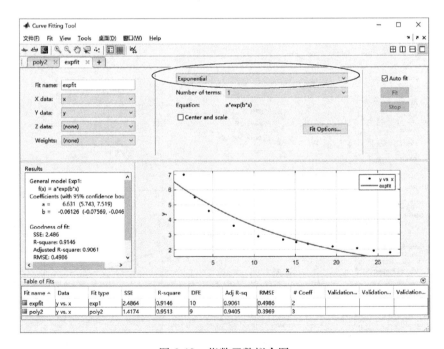

图 6-12　指数函数拟合图

步骤8　以同样方法添加新拟合，在图 6-12 所示的圆圈标记处单击下拉箭头。选择下拉列表框中的"Custom Equation（自定义方程）"，在下面的文本框中输入"a＊log（x）＋b"，同上面一样，立即得到拟合结果，如图 6-13 所示。

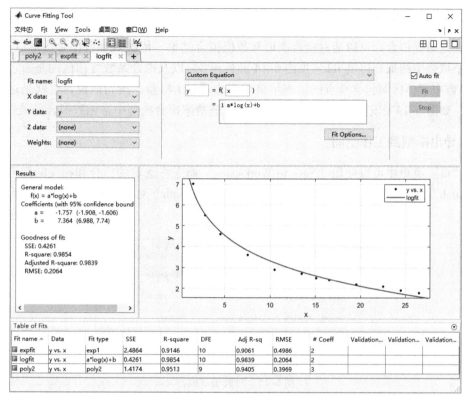

图 6-13　对数函数拟合图

步骤 9　以同样的方法创建幂函数（power）拟合，如图 6-14 所示。

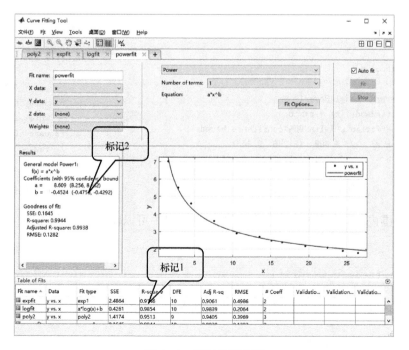

图 6-14　幂函数拟合图

6.2.2　确定最优拟合

要确定最优拟合，可以通过检查图形和数值拟合结果。依次观察各拟合图形以及残差，观察各个拟合中的拟合优度 R2（见图 6-14 的标记 1）以及拟合系数置信区间是否包含 0 点（拟合系数中置信区间包含 0 点的话表示该参数为通过 t 检验，换句话说，也就是这一项可以去掉，如图 6-14 标记 2 所示）。可以看出，流通费率拟合模型中幂函数拟合是最好的。

6.2.3　导出模型到工作空间

在"fit"菜单中可以使用"Save to Workspace"命令将选定的拟合和相关的拟合结果导出到 Matlab 工作空间，如图 6-15 所示。拟合保存为 Matlab 对象，相关的拟合结果保存为结构。

图 6-15　对数函数拟合

在命令窗口中输入图 6-16 所示内容。查看拟合模型，如图 6-17 所示。

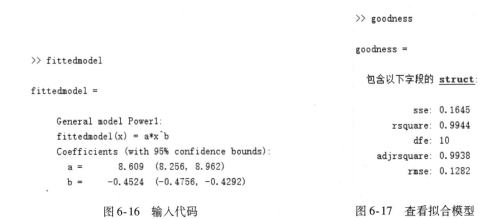

图 6-16　输入代码　　　　　　　　　　图 6-17　查看拟合模型

对适当范围内的其他数据进行预测，在命令窗口中可以输入下面的代码：

```
xprit = 2:25;
yprit = fittedmodel(xprit)
```

绘制拟合曲线图，输入以下代码，结果如图 6-18 所示。

```
plot(fittedmodel,x,y)
```

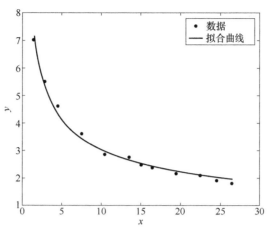

图 6-18　拟合曲线

最后，可以通过"文件"菜单下的"Save Session"命令保存工作。

6.3　多元线性回归模型

为了提高在中、低维数据集上的准确度，Matlab 可以使用 fitlm 拟合线性回归模型。为了减少在高维数据集上的计算时间，可以使用 fitrlinear 拟合线性回归模型。本节主要通过一些示例介绍 fitlm 的使用。

主要使用到的 Matlab 函数有以下 3 个。

① 预测因变量主要函数：feval 函数和 predict 函数。

② 残差图分析主要函数：plotResiduals 函数。

6.3.1　案例2——牙膏的销售量

某大型牙膏制造企业为了更好地拓展产品市场，有效地管理库存，公司要求销售部门根据市场调查，找出公司生产的牙膏销售量与销售价格、广告投入等之间的关系，从而预测出在不同价格和广告费用下的销售量。为此，销售部的研究人员收集了过去 30 个销售周期（每个销售周期为 4 周）公司生产的牙膏的销售量、销售价格、投入的广告费用，以及同期其他厂家生产的同类牙膏的市场平均销售价格（见表 6-1）。其中，价格差指其他厂家平均价格与公司销售价格之差）。试根据这些数据建立一个数学模型，分析牙膏销售量与其他因素的关系，为制订价格策略和广告投入策略提供依据。

表 6-1　牙膏销售量、销售价格及广告费用等数据

销售周期	公司销售价格（元）	其他厂家平均价格（元）	价格差（元）	广告费用（百万元）	销售量（百万支）
1	3.85	3.80	−0.05	5.50	7.38
2	3.75	4.00	0.25	6.75	8.51
3	3.70	4.30	0.60	7.25	9.52
4	3.60	3.70	0.00	5.50	7.50

（续）

销售周期	公司销售 价格（元）	其他厂家 平均价格（元）	价格差（元）	广告费用 （百万元）	销售量 （百万支）
5	3.60	3.85	0.25	7.00	9.33
6	3.60	3.80	0.20	6.50	8.28
7	3.60	3.75	0.15	6.75	8.75
8	3.80	3.85	0.05	5.25	7.87
9	3.80	3.65	−0.15	5.25	7.10
10	3.85	4.00	0.15	6.00	8.00
11	3.90	4.10	0.20	6.50	7.89
12	3.90	4.00	0.10	6.25	8.15
13	3.70	4.10	0.40	7.00	9.10
14	3.75	4.20	0.45	6.90	8.86
15	3.75	4.10	0.35	6.80	8.90
16	3.80	4.10	0.30	6.80	8.87
17	3.70	4.20	0.50	7.10	9.26
18	3.80	4.30	0.50	7.00	9.00
19	3.70	4.10	0.40	6.80	8.75
20	3.80	3.75	−0.05	6.50	7.95
21	3.80	3.75	−0.05	6.25	7.65
22	3.75	3.65	−0.10	6.00	7.27
23	3.70	3.90	0.20	6.50	8.00
24	3.55	3.65	0.10	7.00	8.50
25	3.60	4.10	0.50	6.80	8.75
26	3.70	4.25	0.60	6.80	9.21
27	3.75	3.65	−0.05	6.50	8.27
28	3.75	3.75	0.00	5.75	7.67
29	3.80	3.85	0.05	5.80	7.93
30	3.70	4.25	0.55	6.80	9.26

1. 分析与假设

由于牙膏是生活必需品，对大多数顾客来说，在购买同类产品的牙膏时，更多地会在意不同品牌之间的价格差异，而不是其价格本身。因此，在研究各个因素对销售量的影响时，用价格差代替公司销售价格和其他厂家平均价格更为合适。

记牙膏销售量为 y，其他厂家平均价格与公司销售价格之差（价格差）为 x_1，公司投入的广告费用为 x_2，其他厂家平均价格和公司销售价格分别为 x_3 和 x_4，$x_1 = x_3 - x_4$。基于上面的分析，仅用 x_1 和 x_2 来建立 y 的预测模型。

2. 基本模型的建立与求解

（1）基本模型的建立　为了大致分析 y 与 x_1 和 x_2 的关系，首先利用表6-1中的数据分别作出 y 对 x_1 和 x_2 的散点图（见图6-19）。

从图6-19中可以看出，随着 x_1 的增加，y 值有比较明显的线性增长趋势，可用直线模

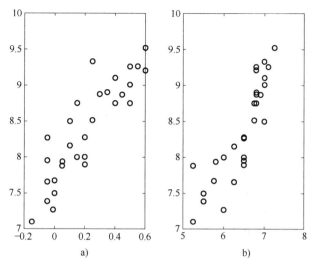

图 6-19 销量对价格差和广告费用散点图

a) y 对 x_1 的散点图 b) y 对 x_2 的散点图

型来拟合，即

$$y = b_0 + b_1 x_1 + \varepsilon \tag{6-8}$$

而当 x_2 增大时，y 有向上弯曲增加的趋势，可用二次函数模型来拟合，即

$$y = c_0 + c_1 x_2 + c_2 x_2^2 + \varepsilon \tag{6-9}$$

综合上面的分析，结合式（6-8）和式（6-9）建立以下的回归模型，即

$$y = \beta_0 + \beta_1 x_1 + \beta_2 x_2 + \beta_3 x_2^2 + \varepsilon \tag{6-10}$$

（2）基本模型求解 直接使用 Matlab 中的 fitlm 求解，代码保存在 ex7_2 中，代码如下：

```
clear;clc;
% 打开 excel 数据文件
data = readtable('牙膏.xlsx');


% 第一步 绘制散点图
figure;
subplot(1,2,1);
scatter(data.jgc,data.xsl);
title('价格差与销售量散点关系图');
xlabel('与市场同类产品平均价格差');
ylabel('牙膏销售量');
subplot(1,2,2);
scatter(data.ggfy,data.xsl);
title('广告费用与销售量散点关系图');
xlabel('广告费用');
ylabel('牙膏销售量');


% 第二步 假定模型:销售量 = b0 + b1 * 价格差 + b2 * 广告费用 + b3 * 广告费用^2
```

```
% 第三步 模型求解
md = fitlm(data,'xsl ~jgc + ggfy + ggfy^2')
```

输出结果如下：

```
md =

Linear regression model:
    xsl ~1 + jgc + ggfy + ggfy^2

Estimated Coefficients:
                  Estimate        SE         tStat        pValue

    (Intercept)    17.324       5.6415       3.0709       0.0049514
           jgc     1.307        0.30361      4.3048       0.00021036
          ggfy    -3.6956       1.8503      -1.9973       0.056355
        ggfy^2     0.34861      0.15118      2.306        0.029341

Number of observations:30,Error degrees of freedom:26
Root Mean Squared Error:0.221
R-squared:0.905,Adjusted R-Squared 0.894
F-statistic vs. constant model:82.9,p-value =1.94e-13
```

下面依次对输出结果进行说明。
其中，

```
Linear regression model:
    xsl ~1 + jgc + ggfy + ggfy^2
```

表示模型方程为：销售量 $=\beta_0 + \beta_1$ 价格差 $+ \beta_2$ 广告费用 $+ \beta_3$ 广告费用^2

```
Estimated Coefficients:
                  Estimate        SE         tStat        pValue

    (Intercept)    17.324       5.6415       3.0709       0.0049514
           jgc     1.307        0.30361      4.3048       0.00021036
          ggfy    -3.6956       1.8503      -1.9973       0.056355
        ggfy^2     0.34861      0.15118      2.306        0.029341
```

表示上面模型求解结果系数 β_0、β_1、β_2、β_3。
Estimate：估算回归系数 β_0、β_1、β_2、β_3。
SE：回归系数的标准差。
tStat：回归系数 t 检验值。

pValue：回归系数的 t 检验 p 值，经常需要跟显著性水平 $\alpha = 0.05$ 进行比较，小于 0.05 表示该回归系数项通过 t 检验，即 $\beta_i \neq 0$，也就是该项对因变量有显著影响。比如上面结果的广告费用的 p 值为 $0.056355 > 0.05$，表示该项没有通过显著性检验，也就是广告费用这一项可能对销售量没有显著影响。

F-statistic vs. constant model：82.9，p-value = 1.94e − 13

表示 F 检验值和 F 检验 p 值 $= 1.94 \times 10^{-13} < \alpha = 0.05$，表示模型整体通过 F 检验，即上面模型 β_1、β_2、β_3 中至少有一个不等于 0。

Number of observations：30，Error degrees of freedom：26

Root Mean Squared Error：0.221

R-squared：0.905，Adjusted R-Squared 0.894

Number of observations：样本容量为 30 个。

Error degrees of freedom：自由度，等于样本容量- 回归参数个数。

squared：0.905：拟合系数 $R^2 = 0.905$，可以理解为：该模型可以解释因变量的变异性的 90.5%。

Adjusted R-Squared 0.894：调整拟合系数，见公式（6-5）。

汇总上面的输出，在置信水平 95%（$\alpha = 0.05$）下，得到模型式（6-10）的参数估计值及其置信水平，结果见表6-2。

表 6-2　基础模型的计算结果

参　　数	参数估计值	是否通过 t 检验
β_0	17.324	是
β_1	1.3070	是
β_2	− 3.6956	否
β_3	0.34861	是
调整 $R^2 = 0.894$　通过 F 检验		

结果分析说明，由表6-2，$R^2 = 0.9054$ 是指因变量 y（销售量）的 90.54% 可由模型确定，p 远小于 0.05，因而基础模型从整体上看是可用的。

表6-2 中的回归系数给出了基础模型中 β_0、β_1、β_2、β_3 的估计值，由上面的分析，β_2 未通过显著性检验，表明回归变量广告费用项 x_2 对因变量 y 的影响不是太显著，但由于 x_2^2 是显著的，所以仍将变量 x_2 保留在模型中。

销售量预测：将回归系数的估计值代入基础模型，即可预测公司未来某个销售周期牙膏的销售量 y，预测值记为 $\hat{y}$，得到基础模型的预测方程为

$$\hat{y} = 17.3244 + 1.3070x_1 - 3.6956x_2 + 0.3486x_2^2$$

只需知道该销售周期的价格差 x_1 和投入的广告费 x_2，就可以计算预测值 $\hat{y}$。

值得注意的是，公司无法直接确定价格差 x_1，而只能制定公司该周期的牙膏售价 x_4，但是同期其他厂家的平均价格 x_3 一般可以通过分析和预测当时的市场情况及原材料的价格变化等估计出。模型中引入价格差 $x_1 = x_3 - x_4$ 作为回归变量，而非 x_3 和 x_4，这样的好处在于，公司可以更灵活地预测产品的销售量（或市场需求量），因为 x_3 的值不是公司所能控制的。预测时只要调整 x_4 达到设定的回归变量 x_1 的值，比如公司计划在未来的某个销售周期中，维持产品

的价格差为 $x_1 = 0.2$ 元，并将投入 $x_2 = 650$ 万元的广告费用，则该周期牙膏销售量的估计值为：

```
x1=0.2;x2=6.5;
y1=feval(md,x1,x2);
fprintf('价格差为%.1f元,广告费用为%.1f百万元,预测牙膏销量为%.4f百万支\n',x1,
x2,y1);
```

即 $\hat{y} = 17.3244 + 1.3070 \times 0.2 - 3.6956 \times 6.5 + 0.3486 \times 6.5^2 = 8.2933$ 百万支

回归模型的一个重要应用是，对于给定的回归变量的取值，可以以一定的置信度预测因变量的取值范围，即预测区间。比如当 $x_1 = 0.2$、$x_2 = 6.5$ 时可以算出，牙膏销售量的置信度为 95% 的预测区间为 $[8.1738 , 8.4128]$，它表明在将来的某个销售周期中，如公司维持产品的价格差为 0.2 元，并投入 650 万元的广告费用，那么可以有 95% 的把握保证牙膏的销售量在 8.1738 ~ 8.4128 百万支之间。实际操作时，预测上限可以用来作为库存管理的目标值，即公司可以生成或库存 8.4128 百万支牙膏来满足该销售周期顾客的需求；预测下限则可以用来较好地把握或控制公司的现金流，理由是公司对该销售周期 8.1738 百万支牙膏十分自信，如果在该销售周期中公司将牙膏售价定为 3.7 元，且估计同周期其他厂家的平均价格为 3.90 元，那么公司可以有充分的依据知道牙膏销售额应在 $8.1738 \times 3.7 \approx 30$ 百万元以上。

预测值和实际值的对比，可以通过绘制预测值和实际销售量的散点图进行对比观察模型（见图 6-20），绘制对比散点图的代码如下：

```
pxsl=feval(md,data.jgc,data.ggfy);
figure;
plot(data.xsl,'b-o');
hold on
plot(pxsl,'r--*');
```

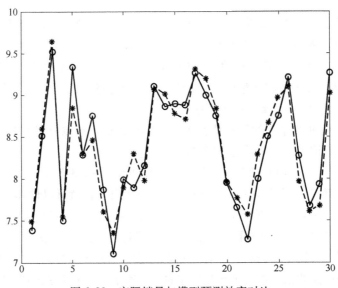

图 6-20 实际销量与模型预测效率对比

3. 基本模型的改进

基本模型中回归变量 x_1 和 x_2 对因变量 y 的影响是相互独立的（基于统计模型假设），简单地说，即是 x_2 的变化不会引起 x_1 的改变，x_1 和 x_2 之间的交互作用会对 y 有影响。不妨简单地用 x_1 和 x_2 的乘积项代表它们的交互作用，于是将基础模型改进为

$$y = \beta_0 + \beta_1 x_1 + \beta_2 x_2 + \beta_3 x_2^2 + \beta_4 x_1 x_2 + \varepsilon \tag{6-11}$$

```
md1 = fitlm(data,'xsl ~ jgc + ggfy + ggfy^2 + jgc * ggfy')
```

得到结果如下：

```
md1 =

Linear regression model:
    xsl ~ 1 + jgc * ggfy + ggfy^2

Estimated Coefficients:
                    Estimate      SE         tStat      pValue

    (Intercept)     29.113      7.4832      3.8905     0.00065602
    jgc             11.134      4.4459      2.5044     0.019153
    ggfy            -7.608      2.4691      -3.0813    0.0049629
    jgc:ggfy        -1.4777     0.66716     -2.2149    0.036105
    ggfy^2          0.67125     0.2027      3.3115     0.0028237

Number of observations:30,Error degrees of freedom:25
Root Mean Squared Error:0.206
R-squared:0.921,  Adjusted R-Squared 0.908
F-statistic vs. constant model:72.8,p-value = 2.11e - 13
```

利用 Matlab 求得该模型的结果见表 6-3。

表 6-3 改进模型的计算结果

参　　数	参数估计值	是否通过 t 检验
β_0	29.113	是
β_1	11.134	是
β_2	-7.608	是
β_3	0.67125	是
β_4	-1.4777	是

调整 $R^2 = 0.908$　　　$p < 0.0001$

表 6-3 和表 6-2 的结果相比，R^2 有所提高，说明改进模型比基础模型确实有所改进。并且所有参数的置信区间，特别是 x_1 和 x_2 的交互项 $x_1 x_2$ 的系数 β_4 都通过 t 检验，所以有理由相信后一个模型比前一个模型更符合实际。

根据表6-3，模型式（6-11）为

$$\hat{y} = 29.1133 + 11.134x_1 - 7.608x_2 + 0.67125x_2^2 - 1.4777x_1x_2$$

用模型式（6-11）对公司的牙膏销售量做预测。仍设在某个销售周期中，维持产品的价格差 $x_1 = 0.2$ 元，并将投入 $x_2 = 6.5$ 百万元的广告费用，则该周期牙膏 y 的估计值为 8.3272 百万支，置信度为95%的预测区间为 $[8.2112，8.4433]$，与基础模型相比，估计值略有增加，而预测区间更短一些。

6.3.2　案例3——自变量含有分类变量的处理

1. 问题分析

"血压.xlsx"文件中包含100个样本数据的身体血压等指标。部分数据见表6-4。

表6-4　部分数据

性　别	年　龄	体　重	吸烟习惯	血　压
Male	38	176	1	124
Male	43	163	0	109
Female	38	131	0	125
Female	40	133	0	117
Female	49	119	0	122
Female	46	142	0	121
Female	33	142	1	130
Male	40	180	0	115
Male	28	183	0	115
Female	31	132	0	118
Female	45	128	0	114
Female	42	137	0	115
Male	25	174	0	127
Male	39	202	1	130

其中性别（sex）和吸烟习惯（smoke）为分类型变量。

以下仅简单介绍使用fitlm函数来处理自变量中含有分类型变量的操作以及简单介绍残差图的分析。

首先，将数据导入，然后利用categorical函数将相应变量值转化为分类型变量。代码如下：

```
clear;clc;
% 导入数据
patients = readtable('血压.xlsx','ReadRowNames',true);
% 将 sex 和 smoke 转化为分类型变量
patients.smoke = categorical(patients.smoke,0:1,{'No','Yes'});
patients.sex = categorical(patients.sex);
```

2. 模型的建立与求解

以血压为因变量，年龄、体重、性别和吸烟习惯为自变量，建立多元回归线性模型，即

$$\hat{y} = \beta_0 + \beta_1 x_1 + \beta_2 x_2 + \beta_3 x_3 + \beta_4 x_4 \tag{6-12}$$

利用 Matlab 计算模型，代码如下：

```
% 模型建立与求解
modelspec = 'sys ~ age + wgt + sex + smoke';
mdl = fitlm(patients,modelspec)
```

输出结果为：

```
mdl =


Linear regression model:
    BloodPressure ~1 + sex + age + weight + smoke


Estimated Coefficients:
                   Estimate        SE         tStat        pValue

    (Intercept)     118.28       7.6291       15.504      9.1557e-28
    sex_Male        0.88162      2.9473       0.29913     0.76549
    age             0.08602      0.06731      1.278       0.20438
    weight         -0.016685     0.055714    -0.29947     0.76524
    smoke_Yes       9.884        1.0406       9.498       1.9546e-15


Number of observations: 100, Error degrees of freedom: 95
Root Mean Squared Error: 4.81
R-squared: 0.508,    Adjusted R-Squared 0.487
F-statistic vs. constant model: 24.5, p-value =5.99e-14
```

结果说明 F 检验 p 值 $= 5.99 \times 10^{-14}$，小于 0.05，模型整体通过 F 检验，模型方程为：血压 $= 118.28 + 0.88182$ 男性 $+ 0.08602$ 年龄 $- 0.01665$ 体重 $+ 9.884$ 吸烟。

调整模型拟合系数为 48.7%，这个数据并不高，表示该模型可以解释血压变异性的 48.7%。在假定自变量彼此独立的情况下（当然现实情况可能存在多重共线性），该模型可理解为，在其他指标相同的情况下，男性血压平均比女性血压高 0.88182。年龄每增加一岁，血压平均增加 0.08602，体重变量前面系数为负，表示体重与血压负相关，即体重越重的人群，平均血压越低；吸烟的人比不吸烟的人群血压平均高 9.884。

但性别、年龄和体重都没有通过 t 检验，表示这 3 个自变量对因变量血压没有显著影响，也就是上面的结论不一定可靠。这可能是由于选择太多自变量的缘故，也有可能是自变量之间的交互影响造成的。

3. 残差图分析

可以通过绘制模型的残差图进行参数调优，代码如下：

```
% 残差图分析
figure;
plotResiduals(mdl)
```

绘制残差图如图 6-21 所示。

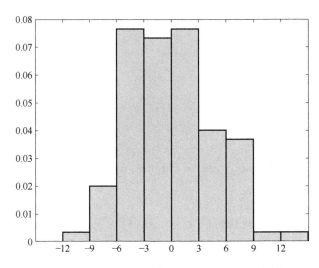

图 6-21   血压与年龄、体重指数、吸烟习惯残差图

　　多元线性回归模型的基本假设要求残差符合正态分布，观察图 6-21，可能存在一个异常值，其值大于 12。这可能不是真正的异常值。为了演示，以下代码是如何查找和删除异常值：

```
% 剔除异常值
outlier = mdl.Residuals.Raw > 12;
find(outlier)
mdl = fitlm(patients,modelspec,'Exclude',84)
```

输出结果如下：

```
mdl =

Linear regression model:
    BloodPressure ~1 + sex + age + weight + smoke

Estimated Coefficients:
```

	Estimate	SE	tStat	pValue
(Intercept)	115	7.4897	15.355	2.3258e-27
sex_Male	0.22181	2.8654	0.077411	0.93846

age	0.10678	0.065655	1.6264	0.10721
weight	0.00036854	0.054338	0.0067824	0.9946
smoke_Yes	10.002	1.009	9.9133	2.8087e-16

```
Number of observations: 99, Error degrees of freedom: 94
Root Mean Squared Error: 4.66
R-squared: 0.536, Adjusted R-Squared 0.516
F-statistic vs. constant model: 27.1, p-value =5.59e-15
```

结果说明：对比前面的输出结果，可以看到调整拟合系数增大了（48.7% 增加到 51.6%），说明模型的解释性更强了。但同样模型的 t 检验效果并不好。

说明模型选择的自变量可能太多了，可以利用 Matlab 的 step 函数尝试更简单的模型（筛选自变量），该模型具有较少的预测变量，但预测精度相同，最多可进行 10 步。

```
mdl1 = step(mdl,'NSteps',10)
```

输出结果如下：

```
1. Removing weight,FStat =4.6001e-05,pValue =0.9946
2. Removing sex,FStat =0.063241,pValue =0.80199


mdl1 =


Linear regression model:
    BloodPressure ~1 +age +smoke


Estimated Coefficients:
```

	Estimate	SE	tStat	pValue
(Intercept)	115.11	2.5364	45.383	1.1407e-66
age	0.10782	0.064844	1.6628	0.09962
smoke_Yes	10.054	0.97696	10.291	3.5276e-17

```
Number of observations: 99, Error degrees of freedom: 96
Root Mean Squared Error: 4.61
R-squared: 0.536, Adjusted R-Squared 0.526
F-statistic vs. constant model: 55.4, p-value =1.02e-16
```

结果说明，模型方程为：血压 = 115.11 + 0.10782 年龄 + 10.054 吸烟。模型精度差不多，但自变量更少。

4. 考虑自变量的交互影响

对于初始模型，请利用 Matlab 的 stepwiselm 函数（后面的逐步回归也可以使用这个函数）。对所有术语及其成分交互使用完整模型。代码如下：

```
% 考虑交互影响模型
md3 = stepwiselm(patients,'interactions')
```

输出结果如下：

```
md3 =


Linear regression model:
    BloodPressure ~ 1 + age + smoke + sex * weight

Estimated Coefficients:
                      Estimate       SE        tStat       pValue

    (Intercept)        133.17      10.337      12.883      1.76e - 22
    sex_Male          - 35.269     17.524     - 2.0126     0.047015
    age                0.11584     0.067664    1.712       0.090198
    weight           - 0.1393      0.080211  - 1.7367      0.085722
    smoke_Yes          9.8307      1.0229      9.6102      1.2391e - 15
    sex_Male: weight   0.2341      0.11192     2.0917      0.039162


Number of observations: 100, Error degrees of freedom: 94
Root Mean Squared Error: 4.72
R-squared: 0.53, Adjusted R-Squared 0.505
F-statistic vs. constant model: 21.2, p-value = 4e - 14
```

结果说明，模型方程为：血压 = 133.17 + 0.11584 年龄 + 9.8307 吸烟 + 0.2341 男性 *
体重。该模型与上面模型的精度差不多，但包含了更多自变量以及自变量的交互影响。根据
上面模型，可以看出体重和血压的关系在男性身上表现更为明显。

最后，可以通过 plotSlice 来绘制预测切片图（见图 6-22），代码如下：

```
% 绘制预测切片图
figure;
plotSlice(md3)
```

通过图 6-22 选择输入相应的自变量，可以得到预测值及其置信区间。

关于 fitlm 函数的更多使用，可参考 help fitlm 帮助文档。

注意：

线性假定并非看上去那么狭隘，在讨论回归时，"线性"一词是指参数和干扰进入方程的方式，而不一定指变量之间的关系。比如，经常使用模型 "$\log(y) = \beta_0 + \beta_1 x_1 + \cdots + \beta_m x_m$" 或 "$\log(y) = \beta_0 + \beta_1 \log(x_1) + \cdots + \beta_m \log(x_m)$" 来建模。

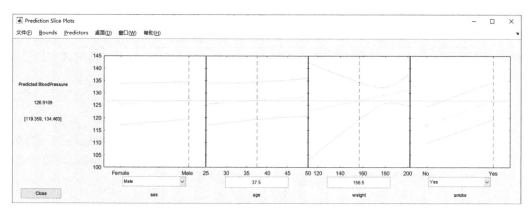

图 6-22　预测切片图

6.4　逐步回归模型

逐步回归是一种系统的方法，用于根据回归中的统计显著性从多线性模型中添加和删除项。该方法从初始模型开始，然后比较递增的较大模型和较小模型的解释力。在每个步骤中，计算 F 统计量 p 值以测试具有和不具有潜在自变量的模型。如果一个自变量当前不在模型中，则零假设是如果将该自变量添加到模型中，则该自变量将具有零系数。如果有足够的证据拒绝零假设，则将该自变量添加到模型中；相反，如果一个自变量当前在模型中，则零假设是该自变量具有零系数。如果没有足够的证据拒绝原假设，则从模型中删除该术语。

在 Matlab 统计工具箱中，用作逐步回归的命令是 stepwise，它提供了一个交互画面。通过这个交互画面可以自由地选择变量，用作统计分析，其通用的用法如下：

```
stepwise(x,y,in,penter,premove)
```

其中，"x" 是自变量矩阵；"y" 是因变量数据；"in" 是矩阵 "x" 的列数的指标，给出初始模型中包括的子集，默认设定为全部自变量不在模型中；"penter" 为变量进入时的显著性水平，默认值为 0.05；"premove" 为变量剔除时显著性水平，默认值为 0.10。

在应用 stepwise 命令进行运算时，程序不断提醒将某个变量加入回归方程或者从回归方程中剔除。

注意，应用 stepwise 命令做逐步回归，数据矩阵 x 的第一列不需要人工加入一个全 1 的向量，程序会自动求出回归方程的常数项（intercept）。

案例 4　Matlab 中的 hald. mat 数据集是（Hald，1960）关于水泥生产的数据。某种水泥在凝固时放出的热量 Y（单位：kal/g）与水泥中 4 种化学成分所占的百分比有关。以这个数据集来展示 Matlab 中怎样进行逐步回归。

首先，准备导入数据，将代码保存在 ex7_4 中。

```
clear;clc;
load hald.mat
```

开始准备逐步回归。stepwise（ingredients，heat，[1 2 3 4]，0.05，0.10）% ingredients 为自变量数据矩阵，heat 为因变量数据，[1 2 3 4] 表示 4 个自变量均保留在模型中。

运行上述代码，得到图 6-23 所示界面。

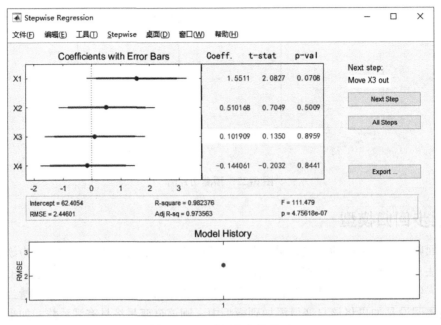

图 6-23   逐步回归交换界面

一直单击"Next Step"按钮到最后，得到图 6-24 所示结果。

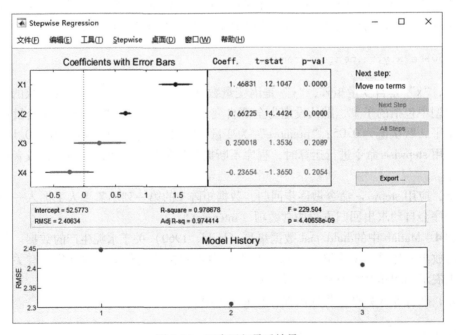

图 6-24   逐步回归最后结果

最后的回归方程为

$$y = 52.5773 + 1.2683x_1 + 0.6623x_2$$

对于表格数据的逐步回归，可以使用 stepwiselm 函数。

第 7 章

聚 类 分 析

人们总是倾向于把世界中的万千事物按照各种属性和特征分成若干类别，从而便于做进一步的认识和研究。事物分类的方法有多种，最简单的是根据经验来划分。例如，在按照身高和体重对人群分类时，根据个体的身高、体重是否高于或低于人群均值，把整个人群分成四类，即高胖、高瘦、矮胖、矮瘦。这种方式简单易懂，但是在分类过程中只使用了均值，对数据信息的利用不足，同时分类界别过于简单，当人群较多时，这种分类方式很难操作。再比如，要想把中国的县分成若干类，就有很多种分类法：可以按照自然条件来分，如考虑降水、土地、日照、湿度等各方面；也可以考虑收入、教育水准、医疗条件、基础设施等指标，既可以用某一项来分类，也可以同时考虑多项指标来分类。

考虑到上述问题，基于数据自身信息来对数据进行分类的方法应运而生，这类方法就是聚类分析。聚类分析是研究分类问题的一种多元统计方法，国内有人称它为群分析、点群分析、簇群分析等。通过聚类分析，可以将研究目的、专业知识和数据特征相结合，合理地把数据分成若干类，使得类内部的差异尽可能小，类别间的差异尽可能大，对类的数目和类的结构不必做任何假定。在同一类里的这些对象在某种意义上倾向于彼此相似，在不同类里的这些对象在某种意义上倾向于彼此不相似。

7.1 简介

聚类分析的实质是按照聚类的远近将数据分成若干类别，以使类别内数据的差异尽可能小，类别间的差异尽可能大。

7.1.1 聚类分析的类型

1. 按分类对象不同进行聚类

其主要算法有 R 型聚类和 Q 型聚类。

对于一个数据，人们既可以对变量（指标）进行分类（相当于对数据中的列分类），也可以对观测值（事件，样品）进行分类（相当于对数据中的行分类）。比如学生成绩数据就可以对学生按照理科或文科成绩（或者综合考虑各科成绩）分类，当然，并不一定事先假定多少类，完全可以按照数据本身的规律来分类。本章介绍的分类方法称为聚类分析

（Cluster Analysis）。对变量的聚类称为 R 型聚类，而对观测值的聚类称为 Q 型聚类。这两种聚类在数学上是对称、一致的，如图 7-1 所示。

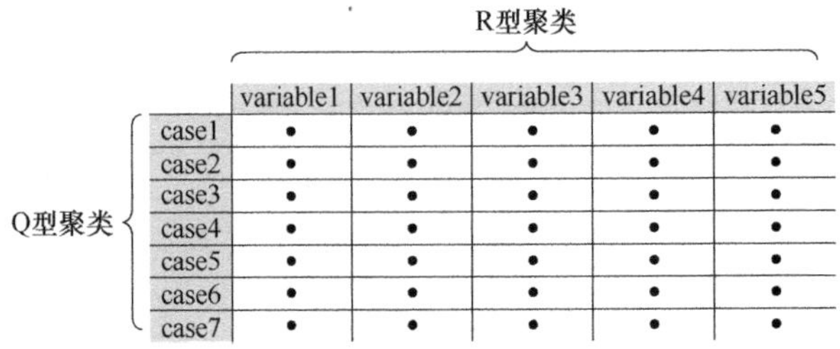

图 7-1　聚类分析的两种类型

（1）R 型聚类分析的主要作用

1）不但可以了解个别变量之间的亲疏程度，而且可以了解各个变量组合之间的亲疏程度。

2）根据变量的分类结果以及它们之间的关系，可以选择主要变量进行 Q 型聚类分析或回归分析（R2 为选择标准）。

（2）Q 型聚类分析的主要作用

1）可以综合利用多个变量的信息对样本进行分析。

2）分类结果直观，聚类谱系图清楚地表现数值分类的结果。

3）聚类分析所得到的结果比传统分类方法更细致、全面、合理。

根据上述描述，Q 型系统聚类法则可以表述为：把样本看成 n 维空间的点，而把变量看成 n 维空间的坐标轴，m 个样本开始时自成一类，然后规定各类之间的距离，将距离最小的一对并成一类，然后再计算距离，直到所有单位全部合并为止。

2. 按分类对象的划分进行聚类

其主要算法有硬聚类和软聚类。

硬聚类是指其中每个数据点只属于一类，软聚类是指其中每个数据点可属于多类。如果已经知道可能的数据分组，则可以使用硬聚类或软聚类；如果不知道数据可能如何分组，则做以下工作：

1）使用自我组织的特征图或层次聚类，查找数据中可能的结构。

2）使用聚类评估，查找给定聚类算法的"最佳"组数。

3. Matlab 中常见的硬聚类算法

（1）k 均值（kMeans）聚类算法

1）原理。将数据分割为 k 个相互排斥的类。一个点在多大程度上适合划入一个类由该点到类中心的距离来决定。

2）最佳使用时机。当聚类的数量已知时，适用于大型数据集的快速聚类，如图 7-2 所示。

（2）k 中心（kMedoids）聚类算法

1）原理。与 k 均值聚类算法类似，但要求类中心与数据中的点契合。

2）最佳使用时机。当聚类的数量已知时，适用于分类数据的快速聚类，可扩展至大型数据集，如图 7-3 所示。

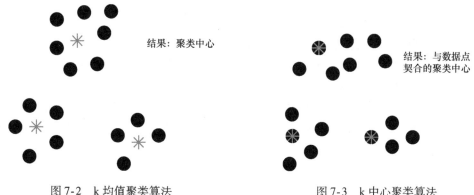

图 7-2 k 均值聚类算法　　　　　图 7-3 k 中心聚类算法

（3）层次聚类算法

1）原理。通过分析成对点之间的相似度，并将对象分组到一个二进制的层次结构树，产生聚类的嵌套集。

2）最佳使用时机。当事先不知道数据中有多少类时，又想要可视化地指导用户的选择，如图 7-4 所示。

（4）自组织映射聚类算法

1）原理。基于神经网络的聚类，将数据集变换为保留拓扑结构的二维图。

2）最佳使用时机。采用二维或三维方式可视化高维数据，通过保留数据的拓扑结构（形状）降低数据维度，如图 7-5 所示。

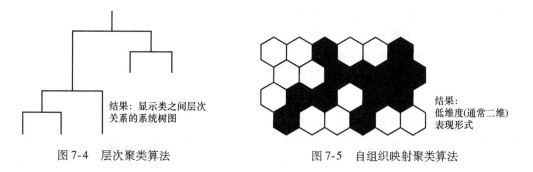

图 7-4 层次聚类算法　　　　　图 7-5 自组织映射聚类算法

应用案例

使用 k 均值聚类算法为手机信号塔选址。移动电话公司想知道手机信号塔的数量和位置，以便提供最可靠的服务。为实现最佳信号接收，这些塔必须位于人群聚集的地方。

工作流程从最初猜想需要划分多少个人群开始。为了评估这个猜想，工程师采用 3 个塔和 4 个塔比较服务效果，查看每种情形下的聚类有多好（换句话说，就是查看信号塔提供服务的效果如何）。

一部电话一次只能与一个信号塔通信，所以这是硬聚类问题。该团队使用 k 均值聚类算法，因为 k 均值聚类算法将数据中的每个观察点视为空间中的一个点。找到了一种分割方法，每个类中的对象尽可能地相互靠近，并且尽可能远离其他类中的对象。

在运行算法之后，该团队能够准确地确定将数据分割成 3 个和 4 个类的结果。

4. Matlab 中常见的软聚类算法

（1）模糊 c 均值聚类算法

1）原理。当数据点可能属于多个类时进行基于分割的聚类。

2）最佳使用时机。当聚类的数量已知时，适用于模式识别，如图 7-6 所示。

（2）高斯混合模型聚类算法

1）原理。基于分割的聚类，数据点来自具有一定概率的不同的多元正态分布。

2）最佳使用时机。当数据点可能属于多个类时，以及当聚集的类具有不同的大小且含有相关结构时，如图 7-7 所示。

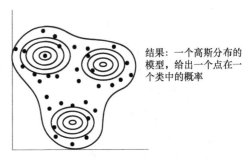

图 7-6　模糊 c 均值聚类算法　　　　　图 7-7　高斯混合模型聚类算法

应用案例

使用模糊 c 均值聚类算法分析基因表达数据。一个生物学家团队正在通过微阵列分析基因表达数据，更好地了解涉及正常和异常细胞分裂的基因（如果某个基因积极参与蛋白质生产之类的细胞功能，则称该基因为"已表达"）。

微阵列包含两个组织检体的表达数据。研究人员要比较检体，以确定某些基因表达模式是否与癌细胞增生有牵连。

在对数据进行预处理以消除噪声之后，对数据进行聚类。因为相同的基因可能涉及多个生物学过程，没有单个基因可能只属于一类。研究人员对数据运用模糊 c 均值聚类算法。然后，对聚集生成的类进行可视化，识别具有类似行为方式的基因组。

7.1.2　聚类分析的依据

1. 距离

按照远近程度来聚类需要明确两个概念：一个是点和点之间的距离；另一个是类和类之间的距离。点间距离有很多定义方式，常用的有闵可夫斯基距离、平方欧几里得距离、绝对值距离和切比雪夫距离，当然，也还有其他的距离。

由一个点组成的类是最基本的类；如果每类都由一个点组成，那么点间的距离就是类间的距离。但是如果某类包含不止一个点，那么就要确定类间距离，类间距离是基于点间距离定义的：比如两类之间最近点之间的距离可以作为这两类之间的距离，也可以用两类中最远点之间的距离作为这两类之间的距离；当然也可以用两类中心之间的距离来作为类间距离。在计算时，各种点间距离和类间距离的选择是通过统计软件的选项实现的。不同的选择结果会不同，但一般不会相差太多。

设 X_1，X_2，$\cdots$，X_n 为取自 p 元总体的样本，第 i 个样品 $X_i = (x_{i1}, x_{i2}, \cdots, x_{ip})$（$i = 1$，$2$，$\cdots$，$n$），定义以下距离。

（1）绝对值距离　$d_{ij}(1) = \sum\limits_{k=1}^{p} |x_{ik} - x_{jk}|$ 称为绝对值距离。在 Matlab 中，计算绝对距离方法如下。

1）sum(abs(x-y))% 行向量、列向量均可。

2）mandist(x,y)%　行向量。

（2）平方欧几里得距离　$d_{ij}(2) = \left(\sum\limits_{k=1}^{p} |x_{ik} - x_{jk}|^2 \right)^{\frac{1}{2}}$ 称为平方欧几里得距离。设 $\boldsymbol{x}$、$\boldsymbol{y}$ 是同维行向量，在 Matlab 中，计算平方欧几里得距离有多种方法。

1）sqrt(sum((x-y).^2))。

2）sqrt(dot(x-y,x-y))。

3）sqrt((x-y)*(x-y)')。

4）dist(x,y')。

（3）切比雪夫距离　$d_{ij}(\infty) = \max\limits_{1 \leqslant k \leqslant p} |x_{ik} - x_{jk}|$ 称为切比雪夫距离。

（4）闵可夫斯基（Minkowski）距离　第 i 个样品 X_i 和第 j 个样品 X_j 之间的闵可夫斯基距离定义为

$$d_{ij} = \left(\sum\limits_{k=1}^{p} |x_{ik} - x_{jk}|^q \right)^{\frac{1}{q}} \quad (i = 1,2,\cdots,n; j = 1,2,\cdots,n)$$

式中，q 为正整数。

1）当各变量的单位不同或测量值范围相差很大时，不应直接采用闵可夫斯基距离，应先对各变量的观测值数据作标准化处理。

2）当 $q = 1$ 时，$d_{ij}(1) = \sum\limits_{k=1}^{p} |x_{ik} - x_{jk}|$ 称为绝对值距离；当 $q = 2$ 时，$d_{ij}(2) = \left(\sum\limits_{k=1}^{p} |x_{ik} - x_{jk}|^2 \right)^{\frac{1}{2}}$ 称为平方欧几里得距离；当 $q \to \infty$ 时，$d_{ij}(\infty) = \max\limits_{1 \leqslant k \leqslant p} |x_{ik} - x_{jk}|$ 称为切比雪夫距离。

（5）马哈拉诺比斯（PC Mahalanobis）距离　第 i 个样品 X_i 和第 j 个样品 X_j 之间的马哈拉诺比斯（PC Mahalanobis）距离（简称为马氏距离）定义为

$$d_{ij}(M) = \sqrt{(X_i - X_j) \boldsymbol{S}^{-1} (X_i - X_j)^T} \quad (i = 1,2,\cdots,n; j = 1,2,\cdots,n)$$

式中，$\boldsymbol{S}$ 为样本协方差矩阵。若将 $\boldsymbol{S}$ 替换为对角矩阵 $\boldsymbol{D}$，其中 $\boldsymbol{D}$ 的对角线上第 k 个元素为第 k 个变量的方差，则此时的距离称为标准化欧几里得距离。

2. 夹角余弦

变量 x_i、x_j 夹角余弦定义为

$$C_{ij}(1) = \frac{\sum\limits_{k=1}^{n} x_{ki} x_{kj}}{\left[\left(\sum\limits_{k=1}^{n} x_{ki}^2 \right) \left(\sum\limits_{k=1}^{n} x_{kj}^2 \right) \right]^{1/2}} \quad (i = 1,2,\cdots,n; j = 1,2,\cdots,n)$$

它是变量 x_i 的观测值向量 $(x_{1i}, x_{2i}, \cdots, x_{ni})^{\mathrm{T}}$ 和变量 x_j 的观测值向量 $(x_{1j}, x_{2j}, \cdots, x_{nj})^{\mathrm{T}}$ 间夹角的余弦。

3. 相关系数

变量 x_i、x_j 相关系数定义为

$$C_{ij}(2) = \frac{\sum_{k=1}^{n}(x_{ki} - \overline{x_i})(x_{kj} - \overline{x_j})}{\sqrt{\left[\sum_{k=1}^{n}(x_{ki} - \overline{x_i})^2\right]\left[\sum_{k=1}^{n}(x_{kj} - \overline{x_j})^2\right]}} \quad (i = 1,2,\cdots,p; j = 1,2,\cdots,p)$$

其中

$$\overline{x_i} = \frac{1}{n}\sum_{k=1}^{n}x_{ki}, \overline{x_j} = \frac{1}{n}\sum_{k=1}^{n}x_{kj} \quad i = 1,2,\cdots,p; j = 1,2,\cdots,p$$

由相似系数可以定义变量之间的距离，例如：

$$d_{ij} = 1 - C_{ij} \quad i = 1,2,\cdots,p; j = 1,2,\cdots,p$$

7.2 谱系聚类

在生物分类学中，分类的单位是门、纲、目、科、属、种，其中种是分类的基本单位，分类单位越小，它所包含的生物就越少，生物之间的共同特征就越多。利用这种思想，谱系聚类（也称系统聚类）首先将各样品自成一类，然后把最相似（距离最近或相似系数最大）的样品聚为小类，再将已聚合的小类按各类之间的相似性（用类间距离度量）进行再聚合，随着相似性的减弱，最后将一切子类都聚为一大类，从而得到一个按相似性大小聚合起来的一个谱系图。

1. 谱系聚类法基本思想

1）聚类开始时将 n 个样品（或 p 个变量）各自作为一类，并规定样品之间的距离和类与类之间的距离。

2）将距离最近的两类合并成一个新类。

3）计算新类与其他类之间的距离，重复进行两个最近类的合并，每次减少一类，直至所有的样品（或 p 个变量）合并成一类。

通过上述步骤，最终把所有样品或变量合并成一个亲疏关系图谱，通常从图谱上能清晰地看出应分成几类及每类所包含的样品（或变量），这个关系图谱称为聚类树形图或谱系图，如图 7-8 所示。

2. 谱系聚类法基本步骤

在谱系聚类分析中，一般用 G 表示类，假定 G 中有 m 个元素（样品或变量），用列向量 x_i（$i = 1, 2, \cdots, n$）来表示，d_{ij} 表示元素 x_i 和 x_j 之间的距离，D_{KL} 表示类 G_K 与类 G_L 之间的距离。类与类之间用不同的方法定义距离，就产生了不同的谱系聚类方法，基本步骤如下：

1）选择样本间距离及类间距离。

2）计算 n 个样本两两之间的距离，得到距离矩阵。

3）构造各类，每个类暂时只含有一个样本。

4）合并符合类间距离定义要求的两类为一个新类。

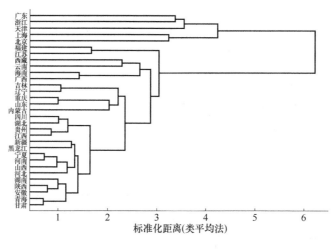

图 7-8 聚类树形图

5）计算新类与当前各类的距离。若类的个数为 1，则转到步骤 6）；否则回到步骤 4）。

6）画出谱系聚类图。

7）作出结论，决定类的个数和类。

3. Matlab 中谱系聚类法的主要方法

与谱系聚类法相关的方法主要有 pdist、squareform、linkage、dendrogram、clusterdata 等，下面主要介绍这些方法的使用格式、作用及返回值等。

（1）pdist 方法 pdist 方法的主要作用是计算构成样品对的样品之间的距离，调用格式如下：

1）$y = \text{pdist}(x)$。计算样品对的欧式距离，其中

$$x = \begin{bmatrix} x_1 \\ x_2 \\ \vdots \\ x_n \end{bmatrix} = \begin{bmatrix} x_{11} & x_{12} & \cdots & x_{1p} \\ x_{21} & x_{22} & \cdots & x_{2p} \\ \vdots & \vdots & \ddots & \vdots \\ x_{n1} & x_{n2} & \cdots & x_{np} \end{bmatrix}$$

x 中的每一行对应一个样品，每一列对应一个变量。输出参数 y 是一个包含 $\frac{n(n-1)}{2}$ 个元素的行向量，用 (i, j) 表示由第 i 个样品和第 j 个样品构成的样品对，y 中的元素依次是样品对 $(2,1)(3,1)\cdots(n,1)(3,2)\cdots(n,2)\cdots(n,n-1)$。

2）$y = \text{pdist}(x, \text{metric})$。计算样品对的距离，用输入参数 metric 指定距离的方法，metric 为字符串，如 'cityblock' 为绝对值距离、'euclidean' 为欧几里得距离（默认）。可用的字符串见表 7-1。

表 7-1 pdist 函数支持的各种距离

metric 参数	功　能
'euclidean'	欧几里得距离，为默认情况
'seuclidean'	标准化欧几里得距离
'mahalanobis'	马哈拉诺比斯距离

（续）

metric 参数	功　能
'cityblock'	绝对值距离（或城市街区距离）
'minkowski'	闵可夫斯基距离
'cosine'	把样品作为向量，样品对距离为 1 减去样品对向量的夹角余弦
'correlation'	把样品作为数值序列，样品对距离为 1 减去样品对的相关系数
'spearman'	把样品作为数值序列，样品对距离为 1 减去样品对的 Spearman 秩相关系数
'hamming'	汉明（Hamming）距离，即不一致坐标所占的百分比
'jaccard'	1 减去 Jaccard 系数，即不一致非零坐标所占的百分比
'chebychev'	切比雪夫距离

（2）squareform 方法　squareform 方法用来将 pdist 函数输出的距离转化为距离矩阵，也可将距离矩阵转化为距离向量。调用格式有以下两个：

1）$z = \mathrm{squareform}(y)$：将 pdist 函数输出的距离向量转化为距离矩阵。

2）$y = \mathrm{squareform}(z)$：将距离矩阵转化为距离向量。

（3）linkage 方法　linkage 函数用来创建系统聚类树，调用格式如下：

1）$z = \mathrm{linkage}(y)$：创建系统聚类树，y 是样品对的距离向量，一般是 pdist 方法的输出结果。

2）$z = \mathrm{linkage}(y, \mathrm{method})$：利用 method 参数指定的方法创建系统聚类树，method 是字符串，可用字符串见表 7-2。

表 7-2　linkage 函数支持的谱系聚类方法列表

method 参数	功　能
'average'	类平均法
'centroid'	重心法，重心间距离为欧几里得距离
'complete'	最长距离法
'meian'	中间距离法，即加权的距离法，加权的重心间距离为欧几里得距离
'single'	最短距离法，默认情况
'ward'	离差平方和法，参数 y 必须包含欧几里得距离
'weighted'	可变类平均法

（4）dendrogram 方法　dendrogram 方法用于创建聚类树形图，调用格式为：

$$[H, T] = \mathrm{dendrogram}(z),$$

由系统聚类树矩阵 z 生成系统聚类树形图，H 为树形图，$T = [1:n]$，这里 n 为原始数据中观测的个数。

（5）inconsistent 函数　inconsistent 函数用来计算谱系聚类树矩阵 Z 中每次并类得到的链接的不一致系数，调用格式为：

$$Y = \mathrm{inconsistent}(Z) \text{ 或 } Y = \mathrm{inconsistent}(Z, d)$$

输入参数 Z 是由 linkage 函数创建的谱系聚类树矩阵，它是 $(n-1) * 3$ 的矩阵，这里 n 是原始数据中观测的个数，输入参数 d 为正整数，表示计算涉及的链接层数，可以理解为计算深度，默认情况下计算深度为 2。

输出参数 Y 是一个 $(n-1)*4$ 矩阵，它各列的含义见表 7-3。

表 7-3　inconsistent 函数输出矩阵各列的含义

序　列　号	说　　明
1	计算涉及的所有链接长度（即并类距离）的均值
2	计算涉及的所有链接长度的标准差
3	计算涉及的链接个数
4	不一致系数

（6）clusterdata 方法　clusterdata 函数调用了 pdist、linkage 和 cluster 函数，用来由原始样本数据矩阵 X 创建系统聚类。调用格式为：Taverage = clusterdata $(X$，参数 1，值 1，参数 2，值 2，…），如 Taverage = clusterdata$(X,$'linkage','average','maxclust',3)。

例 7.1　设有 5 个样品，分别表示北京、上海、安徽、陕西和新疆，每个样品只测试了一个指标，指标值分别为 1、2、6、8、11，若样品间采用绝对值距离，下面用最短距离法对这 5 个样品进行聚类。

解： 计算过程如下。

1）计算距离矩阵，代码如下，结果如图 7-9 所示。

```
x =[1,2,6,8,11];
y =pdist(x)
D =squareform(y)
```

```
y =

    1    5    7    10    4    6    9    2    5    3


D =

    0    1    5    7    10
    1    0    4    6    9
    5    4    0    2    5
    7    6    2    0    3
    10   9    5    3    0
```

图 7-9　距离矩阵

2）分步聚类，绘制聚类树形图，代码如下，结果如图 7-10 所示。

```
x =[1 2 6 8 11];
y =pdist(x,'cityblock');
z =linkage(y);
obslabel ={'G1 ={1}';'G2 ={2}';'G3 ={6}';'G4 ={8}';'G5 ={11}'};
```

```
[H,T] = dendrogram(z,'orientation','Right','labels',obslabel);
set(H,'LineWidth',2,'Color','k')
xlabel('并类距离')
text(1.1,1.65,'G6')
text(2.1,3.65,'G7')
text(3.1,4.4,'G8')
text(4.1,3,'G9')
```

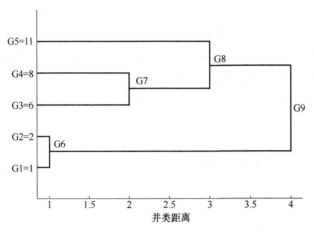

图 7-10　谱系聚类树形图

例 7.2（样品聚类综合案例）　图 7-11 所示为 2007 年我国 31 个省、自治区、直辖市的城镇居民家庭平均每人年消费性支出的 8 个主要数据变量，利用谱系聚类法，对各地区进行聚类分析。

	A	B	C	D	E	F	G	H	I
1	地　区	食　品	衣　着	居　住	家庭设备用品及服务	医疗保健	交通和通信	教育文化娱乐服务	杂项商品和服务
2	北　京	4934.05	1512.88	1246.19	981.13	1294.07	2328.51	2383.96	649.66
3	天　津	4249.31	1024.15	1417.45	760.56	1163.98	1309.94	1639.83	463.64
4	河　北	2789.85	975.94	917.19	546.75	833.51	1010.51	895.06	266.16
5	山　西	2600.37	1064.61	991.77	477.74	640.22	1027.99	1054.05	245.07
6	内蒙古	2824.89	1396.86	941.79	561.71	719.13	1123.82	1245.09	468.17
7	辽　宁	3560.21	1017.65	1047.04	439.28	879.08	1033.36	1052.94	400.16
8	吉　林	2842.68	1127.09	1062.46	407.35	854.8	873.88	997.75	394.29
9	黑龙江	2633.18	1021.45	784.51	355.67	729.55	746.03	938.21	310.67
10	上　海	6125.45	1330.05	1412.1	959.49	857.11	3153.72	2653.67	763.8
11	江　苏	3928.71	990.03	1020.09	707.31	689.37	1303.02	1699.26	377.37
12	浙　江	4892.58	1406.2	1168.08	666.02	859.06	2473.4	2158.32	467.52
13	安　徽	3384.38	906.47	850.24	465.68	554.44	891.38	1169.99	309.3
14	福　建	4296.22	940.72	1261.18	645.4	502.41	1606.9	1426.34	375.98
15	江　西	3192.61	915.09	728.76	587.4	385.91	732.97	973.38	294.6

图 7-11　2007 年我国 31 个省、自治区、直辖市的城镇居民家庭平均每人年消费性支出

解：计算过程如下。

1）读取数据，并进行标准化：

```
[X,textdata]=xlsread('examp1.xls');
X=zscore(X);
```

2）调用 clusterdata 函数进行一步聚类：

```
obslabel = textdata(2:end,1);
Taverage = clusterdata(X,'linkage','average','maxclust',3);
obslabel(Taverage ==1)
obslabel(Taverage ==2)
obslabel(Taverage ==3)
```

3）分步聚类：

```
y = pdist(X);% 利用函数计算聚类
Z = linkage(y,'average')% 利用类平均法创建系统聚类树
```

4）作出聚类树形图，如图 7-12 所示。

```
obslabel = textdata(2:end,1);
H = dendrogram(Z,0,'orientation','right','labels',obslabel);
set(H,'LineWidth',2,'Color','k');
xlabel('标准化距离(类平均法)')
```

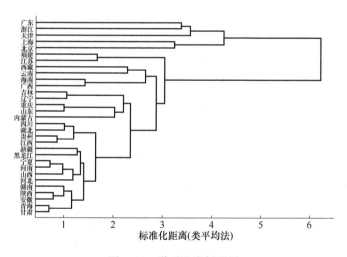

图 7-12　谱系聚类树形图

5）确定分类个数。inconsistent0 = inconsistent(Z,40)% 计算不一致系数，深度为40。在并类的过程中，若某次并类所对应的不一致系数较上次有较大幅增加，说明该次并类的效果不好，而它的上次并类结果较好，不一致系数增加的幅度越大，说明上次并类效果越好。在使得类的个数尽量少的情况下，可参照不一致系数的变化，确定最终的分类个数。

考虑最后 3 次聚类中不一致系数的变化，不一致系数的增量依次为 0.7071、0.7265、1.9537，说明倒数第 2 次的并类效果是较好的，此时原样品被分为两类。

例 7.3（变量聚类综合案例）　在全国服装标准制定中，对某地区成年女子的 14 个部位尺寸（体型尺寸）进行了测量，根据测量数据计算得到 14 个部位尺寸之间的相关系数矩

阵，试对 14 个部位进行聚类分析。表的数据如图 7-13 所示。

	x1	x2	x3	x4	x5	x6	x7	x8	x9	x10	x11	x12	x13
x1上体长	1												
x2手臂长	0.366	1											
x3胸围	0.242	0.233	1										
x4颈围	0.28	0.194	0.59	1									
x5总肩宽	0.36	0.324	0.476	0.435	1								
x6前胸宽	0.282	0.263	0.483	0.47	0.452	1							
x7后背宽	0.245	0.265	0.54	0.478	0.535	0.663	1						
x8前腰节高	0.448	0.345	0.452	0.404	0.431	0.322	0.266	1					
x9后腰节高	0.486	0.367	0.365	0.357	0.429	0.283	0.287	0.82	1				
x10总体长	0.648	0.662	0.216	0.316	0.429	0.283	0.263	0.527	0.547	1			
x11身高	0.679	0.681	0.243	0.313	0.43	0.302	0.294	0.52	0.558	0.957	1		
x12下体长	0.486	0.636	0.174	0.243	0.375	0.29	0.255	0.403	0.417	0.857	0.582	1	
x13腰围	0.133	0.153	0.732	0.477	0.339	0.392	0.446	0.266	0.241	0.054	0.099	0.055	1
x14臀围	0.376	0.252	0.676	0.581	0.441	0.447	0.44	0.424	0.372	0.363	0.376	0.321	0.627

图 7-13   表数据图

解： 计算过程如下。

1）读取数据。

```
[X,textdata]=xlsread('examp21.xls');
```

2）把数据转为距离向量，设 x_i 和 x_j 的相关系数为 ρ_{ij}，定义它们之间的距离为

$$d_{ij} = 1 - \rho_{ij} \quad i = 1,2,\cdots,14; j = 1,2,\cdots,14$$

代码如下：

```
y=1-X(tril(true(size(X)),-1))'
```

其中 y 中的元素依次为变量对，即

$$(x_2,x_1),(x_3,x_1),\cdots,(x_{14},x_1),(x_3,x_2),\cdots,(x_{14},x_2),\cdots,(x_{14},x_{13})$$

3）调用 linkage 函数创建系统聚类树。

```
Z=linkage(y,'average')
```

4）绘制聚类树形图，作出的聚类树形图如图 7-14 所示。

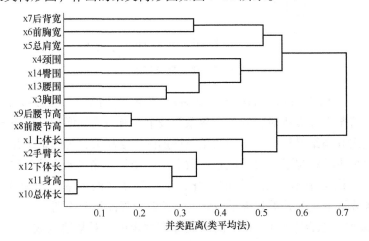

图 7-14   体型尺寸的类平均法聚类树形图

```
varlabel = textdata(2:end,1);
H = dendrogram(Z,0,'orientation','right','labels',varlabel);
set(H,'LineWidth',2,'Color','k');
xlabel('并类距离(类平均法)')
```

结论　14 个变量分为两类：一类是后背宽、前胸宽、总肩宽、颈围、臀围、腰围和胸围，这些变量是反映人胖瘦的变量；另一类是后腰节高、前腰节高、上体长、手臂长、下体长、身高和总体长，反映人高矮的变量。两大类又各自分为两小类。

7.3　k 均值聚类

k 均值聚类分析（kmeans Cluster），又称为快速样本聚类法，是非系统聚类中最常用的聚类法。优点是占用内存少、计算量小、处理速度快，特别适合大样本的聚类分析。缺点是应用范围有限，要求用户制定分类数目（要告知），只能对观测量（样本）聚类，而不能对变量聚类，且所使用的聚类变量必须都是连续性变量。

7.3.1　k 均值聚类概述

首先暂且抛开原始数据是什么形式，假设已经将其映射到一个欧几里得空间上，为了方便展示，这里使用二维空间，如图 7-15 所示。

从数据点的大致形状可以看出它们大致聚为 3 个类别，其中两个紧凑些，剩下那个松散些。目的是为这些数据分组，以便能区分出属于不同簇的数据，也可以分组给它们标上不同的颜色。

那么计算机要如何来完成这个任务呢？当然，计算机还没有高级到能够"通过形状大致看出来"，不过，对于这样的 N 维欧几里得空间中的点进行聚类，有一个非常简单的经典算法，即 k 均值聚类算法。在介绍 k 均值聚类算法的具体步骤之前，先来看看它

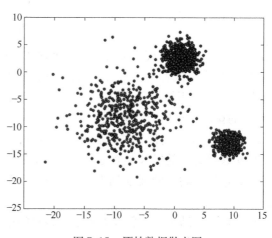

图 7-15　原始数据散点图

对需要进行聚类数据的一个基本假设吧。对于每个簇，可以选出一个中心点（Center），使得该簇中的所有点到该中心点的距离小于到其他簇中心的距离。虽然实际情况中得到的数据并不能保证总是满足这样的约束，但这已经是所能达到的最好结果了，而那些误差通常是固有存在的或者问题本身的不可分性造成的。例如，图 7-16 所示的两个高斯分布（正态分布），从两个分布中随机地抽取一些数据点，混杂到一起，现在让这些混杂在一起的数据点按照它们被生成时的分布区分开来。

由于这两个分布本身有很大一部分重叠在一起，如对于数据点 2.5 来说，它由两个分布产生的概率都是相等的，你所做的只能是一个猜测；稍微好点的情况是 2，通常会将它归类

为左边的那个分布，因为概率大些；然而此时它由右边的分布生成的概率仍然是比较大的，仍然有不小的概率会猜错。而整个阴影部分是所能达到的最小的猜错概率，这来自于问题本身的不可分性，无法避免。因此，将 k 均值聚类算法所依赖的这个假设看作是合理的。

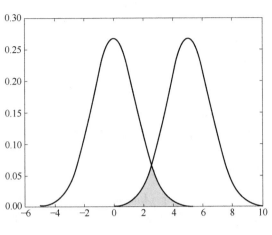

图 7-16　两个高斯分布

基于这一假设，再来导出 k 均值聚类算法所要优化的目标函数：设共有 N 个数据点需要分为 K 个簇，k 均值聚类算法要做的就是最小化，即

$$J = \sum_{n=1}^{N} \sum_{k=1}^{K} r_{nk} \| x_n - \mu_k \|^2$$

这个函数中，r_{nk} 在数据点 n 被归类到簇 k 时为 1；否则为 0。直接寻找 r_{nk} 和 μ_k 来最小化 J 并不容易，不过可以采取迭代的办法：先固定 μ_k，选择最优的 r_{nk}，很容易看出，只要将数据点归类到离它最近的那个中心就能保证 J 最小。下一步则固定 r_{nk}，再求最优的 μ_k。将 J 对 μ_k 求导并令导数等于零，很容易得到 J 最小时的 μ_k，即

$$\mu_k = \frac{\sum_n r_{nk} x_n}{\sum_n r_{nk}}$$

μ_k 的值应当是所有簇 k 中数据点的平均值。由于每次迭代都是取到 J 的最小值，因此 J 只会不断地减小（或者不变），而不会增加，这保证了 k 均值最终会到达一个极小值。虽然 k 均值聚类算法并不能保证总能得到全局最优解，但对于这样的问题，像 k 均值聚类算法这种复杂度的算法，这样的结果已经是很不错了。

下面总结一下 k 均值聚类算法的具体步骤：

1）从数据集中随机取 k 个元素，作为 k 个簇各自的中心。

2）分别计算剩下的元素到 k 个簇中心的相异度，将这些元素分别划归到相异度最低的簇。

3）根据聚类结果，重新计算 k 个簇各自的中心，计算方法是取簇中所有元素各自维度的算术平均数。

4）将数据集中全部元素按照新的中心重新聚类。

5）重复第 4）步，直到聚类结果不再变化。

6）将结果输出。

选定 k 个中心 μ_k 的初值。这个过程通常是针对具体问题有一些启发式的选取方法，或者大多数情况下采用随机选取的办法。因为前面说过，k 均值聚类算法并不能保证全局最优，而是能否收敛到全局最优解，这其实和初值的选取有很大的关系，所以有时会多次选取初值进行 k 均值，并取其中最好的一次作为结果。

图 7-17 至图 7-22 形象地给出了 k 均值聚类算法的迭代过程。首先 3 个中心点被随机初始化，所有的数据点都还没有进行聚类，默认全部都标记为红色，如图 7-17 所示。

然后进入第一次迭代。按照初始的中心点位置为每个数据点着上颜色，然后重新计算 3 个中心点，结果如图 7-18 所示。

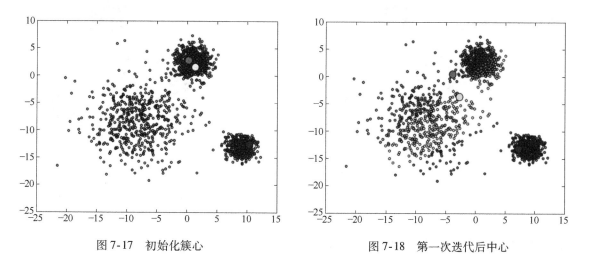

图 7-17　初始化簇心　　　　　　　　　　　　图 7-18　第一次迭代后中心

可以看到，由于初始的中心点是随机选的，这样得出的结果并不是很好，接下来是下一次迭代的结果，如图 7-19 所示。

可以看到大致形状已经出来了。再经过两次迭代后，基本上就收敛了，最终结果如图 7-20 所示。

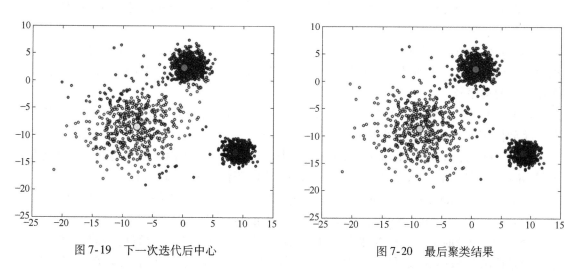

图 7-19　下一次迭代后中心　　　　　　　　　图 7-20　最后聚类结果

不过正如前面所说的那样，k 均值聚类算法也并不是万能的，虽然许多时候都能收敛到一个比较好的结果，但是也有运气不好的时候，会收敛到一个令人不满意的局部最优解。例如，选用图 7-21 所示的这几个初始中心点。

最终会收敛到图 7-22 所示的结果。

不得不承认这并不是很好的结果。不过其实大多数情况下 k 均值聚类算法给出的结果都还是很令人满意的，算是一种简单、高效且应用广泛的聚类算法。

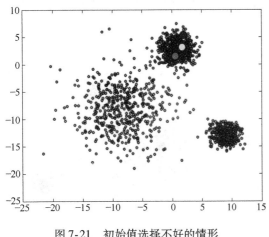

图 7-21　初始值选择不好的情形　　　　图 7-22　初始值选择不好的情形最终迭代

7.3.2　k 均值聚类算法的 Matlab 函数

在实际中，可以利用 Matlab 的内置函数 kmeans 来实现 k 均值聚类算法，利用 silhouette 函数来实现 k 均值聚类的可视化，下面分别进行介绍。

1. kmeans 函数

kmeans 函数做 k 均值聚类，就是将 n 个点分成 k 个类。默认情况下 kmeans 采用平方欧几里得距离。聚类过程：通过迭代使得每个点与所属类重心距离的和达到最小。基本格式有以下几种。

（1）idx = kmeans(X, k)　将 n 个观测点分为 k 个类，输入参数 X 为 $n \times p$ 的矩阵，矩阵的每行对应一个点，每列对应一个变量。输出参数 idx 是一个 $n \times 1$ 的向量，其元素为每个点所属类的类序号。

（2）[idx, C] = kmeans(X, k)　返回 k 个类的类重心坐标矩阵，$\boldsymbol{C}$ 是一个 $k \times p$ 的矩阵，第 i 行元素为第 i 类的类重心坐标。

（3）[idx, C, sumd] = kmeans(X, k)　返回类内距离和（即类内各点与类重心距离之和）向量 sumd，$\boldsymbol{C}$ 是一个 $1 \times k$ 的矩阵，第 i 行元素为第 i 类的类内距离之和。

（4）[idx, C, sumd, D] = kmeans(X, k)　返回每个点与每个类重心之间距离矩阵 $\boldsymbol{D}$，$\boldsymbol{D}$ 是一个 $n \times k$ 的矩阵，第 i 行第 j 列元素为第 i 个点第 j 类重心之间的距离。

（5）[⋯] = kmeans(X, k, 参数 1, 值 1, 参数 2, 值 2)　允许用户设置更多的参数及参数值，用来控制 kmeans 函数所用的迭代算法，可用的参数名和参数值读者可以在 Matlab 的命令窗口运行 help kmeans 来学习。

例 7.4　针对例 7-1 的数据，利用 kmeans 函数进行 k 均值聚类算法，代码和结果如下：

```
x = [1,2,6,8,11]';
opts = statset('Display','final')    %显示每次聚类的最终结果
idx = kmeans(x,3,'Distance','city','Replicates',5,'Options',opts)
%将原始的 5 个数据聚为 3 类,距离采用绝对值距离,重复聚类 5 次,显示每次聚类的最终结果
```

运行结果如图 7-23 所示。

从聚类结果可以看出来，1 和 2 为一类，6 和 8 为一类，11 为一类。

2. silhouette 函数

silhouette 函数用来根据 kmeans 函数的聚类结果绘制轮廓图，轮廓图上第 i 个点的轮廓值为

$$S(i) = \frac{\min(\boldsymbol{b}) - a}{\max(a, \min(\boldsymbol{b}))} \quad i = 1, 2, \cdots, n$$

a 是第 i 个点与同类的其他点之间的平均距离，$\boldsymbol{b}$ 为一个向量，其元素是第 i 个点与不同类的类内点之间的平均距离。silhouette 函数的使用格式如下。

```
Replicate 1, 1 iterations, total sum of distances = 4.
Replicate 2, 1 iterations, total sum of distances = 3.
Replicate 3, 1 iterations, total sum of distances = 3.
Replicate 4, 1 iterations, total sum of distances = 4.
Replicate 5, 1 iterations, total sum of distances = 4.
Best total sum of distances = 3

idx =

     1
     1
     2
     2
     3
```

图 7-23　运行结果

（1）silhouette$(\boldsymbol{X}, \mathrm{idx})$　根据样本 $\boldsymbol{X}$ 和聚类结果 idx 绘制轮廓图。

（2）$s = $ silhouette$(\boldsymbol{X}, \mathrm{idx})$　返回轮廓向量 s，元素为对应点的轮廓值。

（3）$[\boldsymbol{S}, \boldsymbol{H}] = $ silhouette$(\boldsymbol{X}, \mathrm{idx})$　返回轮廓向量 $\boldsymbol{S}$ 和绘图句柄 $\boldsymbol{H}$。

（4）$[\boldsymbol{S}, \boldsymbol{H}] = $ silhouette$(\boldsymbol{X}, \mathrm{idx}, \mathrm{metric})$　metric 用来指定距离计算的方法，如 'Euclidean'。silhouette 函数支持的各种距离见表 7-4。

表 7-4　silhouette 函数支持的各种距离

metric 参数取值	功 能 说 明
'Euclidean'	欧几里得距离
'sqEuclidean'	平方欧几里得距离（默认情况）
'cityblock'	绝对值距离
'cosine'	把每个点作为一个向量，两点间距离为 1 减去两向量夹角余弦
'correlation'	把每个点作为一个数值序列，两点间距离为 1 减去两个数值序列的相关系数
'Hamming'	汉明距离，即不一致坐标所占的百分比
'Jaccard'	不一致的非零坐标所占的百分比

下面主要利用 Matlab 中的 Fisher's Iris Data 来阐述 k 均值算法。

例 7.5　在 20 世纪 20 年代，植物学家 Fisher 收集了 150 个 iris 标本的萼片长度、萼片宽度、花瓣长度和花瓣宽度的测量值，其中 50 个来自 3 个物种中的每一个。测量结果称为 Fisher's iris 数据。

这些数据来自已知物种，因此已经有一种明显的方法来对数据进行分组。目前，将忽略物种信息并仅使用原始测量值对数据进行聚类。完成后可以将得到的星团与实际物种进行比较，看看这 3 种类型的 irsi 是否具有不同的特征。

使用 kmeans 函数必须指定要创建的群集数。首先，加载数据并调用 kmeans，并先将所需的聚类设置为 3，并使用欧几里得距离。要了解生成簇的分离程度，可以制作轮廓图（silhouette）。轮廓图显示一个群集中每个点与相邻群集中的点的接近程度。

解：计算过程如下。

1）准备模型：

```
clear;clc;
% 在本次示例使用的函数中会调用 Matlab 内置函数 rng 来生成随机数
% 因此为了让本次示例中的结果一致,应该通过执行以下命令来设置随机种子控制随机数的产生
% 如果不设置成相同的随机状态会导致一些不必要的麻烦
% 如可能发现集群的编号顺序不同
rng(14,'twister');
% 导入 Matlab 中 iris 原始数据
load fisheriris
% 该数据集为 cell 型,共150 条记录,每 50 条为一个品种,包含 meas 和 species 两个数据变量
% meas 变量共 4 列,分别对应萼片长度、萼片宽度、花瓣长度和花瓣宽度
% species 变量共 1 列,对应相应的品种
```

2）为了更好地理解聚类，首先以花瓣长度和花瓣宽度绘制散点图，如图 7-24 所示。

```
% 绘制花瓣长度和花瓣宽度散点图
figure;
scatter(meas(:,3),meas(:,4));
xlabel('花瓣长度');
ylabel('花瓣宽度');
title('花瓣长度和花瓣宽度散点图');
box on;
```

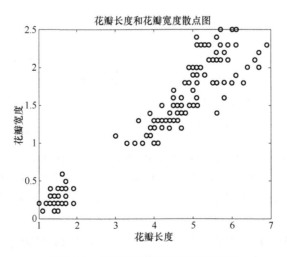

图 7-24　花瓣长度和花瓣宽度散点图

从图 7-24 中可以看出，iris 原始数据中有一类与其他两类区分明显，其他两类的区分不是那么明显。通过与原始数据观察比较，第一类 setosa 区分明显，其他两类（versicolor 和 virginica）区分并不明显。

3）下面调用 kmeans 函数将数据集区分为三类，并绘制聚类轮廓图。

```
% k 均值聚类为 3 类
[cidx3,cmeans3] = kmeans(meas,3,'dist','sqeuclidean');
%输出
%使用 kmeans 函数,cidx3 为每行数据对应的类别,在这里对应的就是 1、2 和 3
%cmeans3 为对应的质点中心
%输入
%meas 为 iris 数据中数值型数据
%3 为计划划分的聚类
%dist 为距离测量
%sqeucliden 欧几里得距离
%当使用默认欧几里得距离时,上面的命令可以简写为[cidx3,cmeans3] = kmeans(meas,3)
%
% 绘制聚类轮廓图
figure;
[silh3,h] = silhouette(meas,cidx3,'sqeuclidean');
```

通过比较输出类别 cidx3 与原始类别数据 species,这里 cidx3 的聚类 1、2、3 分别对应 species 中的 versicolor、setosa、virginica。

聚类轮廓图如图 7-25 所示。

观察图 7-25 可以看出,其中纵坐标表示聚类,横坐标是轮廓值。

每个点的轮廓值是与其他聚类中的点进行比较时,该点与其自身聚类中的点的相似程度的度量。轮廓值的范围为 $-1 \sim +1$。高轮廓值表示 i 与其自己的群集匹配良好,并且与相邻群集的匹配性差。如果大多数点具有高轮廓值,则聚类解决方案是合适的。如果许多点具有低或负轮廓值,则聚类解决方案可能具有太多或太少的聚类。

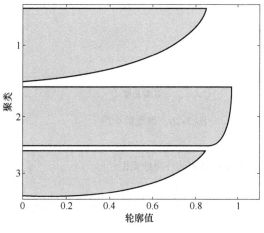

图 7-25 聚类轮廓图

根据 k 均值聚类算法的结果将每一类的数据用不同的符号表示并绘制散点图,代码如下:

```
% 绘制聚类散点图
figure;clf;
ptsymb = {'bs','r^','md'};
%定义 3 个聚类
for i = 1:3
    clust = find(cidx3 == i);
    plot(meas(clust,3),meas(clust,4),ptsymb{i});   %绘制 3 个聚类散点图
```

```
        hold on
end
plot(cmeans3(:,3),cmeans3(:,4),'ko');
plot(cmeans3(:,3),cmeans3(:,4),'kx');    %绘制质心
hold off
xlabel('花瓣长度');
ylabel('花瓣宽度');
```

通过散点图将会很方便地识别出那些轮廓值低的点，因为这些点与其他类的点靠在一起，如图 7-26 所示。

可以与原始观察数据分类散点图进行比较，如图 7-27 所示。

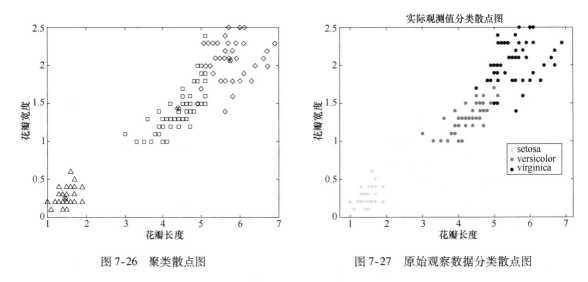

图 7-26   聚类散点图   图 7-27   原始观察数据分类散点图

```
    % 实际观测值分类散点图
figure;clf;
gscatter(meas(:,3),meas(:,4),species,[0,0.75,0.75;0.75,0,0.75;0.75,0.75,0],
'..')
    xlabel('花瓣长度');
    ylabel('花瓣宽度');
    title('实际观测值分类散点图')
```

通过对比可以看出，k 均值聚类算法不失为一个快速、高效的聚类算法。关于 iris 的 k 均值聚类算法的更多探讨，可以参考 Matlab 的帮助文档。

7.3.3   k 均值聚类算法的特点

k 均值聚类算法的特点如下：

1）在 k 均值聚类算法中的 k 是事先给定的，这个 k 值的选定是非常难以估计的。

2）在 k 均值聚类算法中，首先需要根据初始聚类中心来确定一个初始划分，然后对初

始划分进行优化。

3）k 均值聚类算法需要不断地进行样本分类调整，不断地计算调整后新的聚类中心，因此当数据量非常大时，算法的时间开销也非常大。

4）k 均值聚类算法对一些离散点和初始 k 值敏感，不同的距离初始值对同样的数据样本可能得到不同的结果。

7.3.4 k 均值聚类算法综合应用

例 7.6 examp：3. xls 表列出了 43 个国家和地区 3 年（1990 年、2000 年、2006 年）的婴儿死亡率和出生时预期寿命数据。数据保存在 examp：3. xls 中，根据观测数据，利用 k 均值聚类算法，对各国家和地区进行聚类分析。数据如图 7-28 所示。

	国家和地区	婴儿死亡率 /‰			出生时平均预期寿命 /岁		
1							
2		1990年	2000年	2006年	1990年	2000年	2006年
3	中 国	36.3	29.9	20.1	68.9	70.3	72
4	孟加拉国	100	66	51.6	54.8	61	63.7
5	文 莱	10	8	8	74.2	76.2	77.1
6	柬埔寨	84.5	78	64.8	54.9	56.5	58.9
7	印 度	80	68	57.4	59.1	62.9	64.5
8	印度尼西亚	60	36	26.4	61.7	65.8	68.2
9	伊 朗	54	36	30	64.8	68.9	70.7
10	以色列	10	5.6	4.2	76.6	79	80
11	日 本	4.6	3.2	2.6	78.8	81.1	82.3
12	哈萨克斯坦	50.5	37.1	25.8	68.3	65.5	66.2
13	朝 鲜	42	42	42	69.9	66.8	67
14	韩 国	8	5	4.5	71.3	75.9	78.5
15	老 挝	120	77	59	54.6	60.9	63.9
16	马来西亚	16	11	9.8	70.3	72.6	74
17	蒙 古	78.5	47.6	34.2	62.7	65.1	67.2
18	缅 甸	91	78	74.4	59	60.1	61.6
19	巴基斯坦	100	85	77.8	59.1	63	65.2
20	菲律宾	41	30	24	65.6	69.6	71.4
21	新加坡	6.7	2.9	2.3	74.3	78.1	79.9
22	斯里兰卡	25.6	16.1	11.2	71.2	73.6	75
23	泰 国	25.7	11.4	7.2	67	68.3	70.2

图 7-28 表 examp3 数据

解： 计算过程如下。

1）读取数据：

```
[X,textdata]=xlsread('examp2.xls');
row = ~any(isnan(X),2);
X =X(row,:);
countryname =textdata(3:end,1);
countryname =countryname(row);
```

2）进行标准化变换：

```
X = zscore(X);
```

3）选取初始凝聚点进行聚类：

```
startdata =X([8,27,42],:);
idx =kmeans(X,3,'Start',startdata);
```

4）绘制轮廓图：

```
[S,H]=silhouette(X,idx);
```

作出的轮廓图如图 7-29 所示。

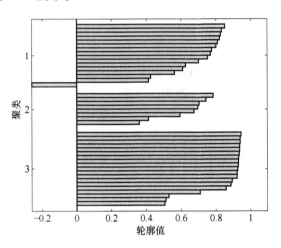

图 7-29　分为三类的轮廓图

5）查看聚类结果：

```
countryname(idx ==1) %查看第一类所包含的国家或地区
ans =
  16 ×1 cell 数组
    {'中　　国'}
    {'印度尼西亚'}
    {'伊　　朗'}
    {'哈萨克斯坦'}
    {'朝　　鲜'}
    {'蒙　　古'}
    {'菲 律 宾'}
    {'泰　　国'}
    {'越　　南'}
    {'埃　　及'}
    {'墨 西 哥'}
    {'巴　　西'}
    {'委内瑞拉'}
    {'俄罗斯联邦'}
    {'土 耳 其'}
    {'乌 克 兰'}
countryname(idx ==2)
ans =
```

```
8×1 cell 数组
    {'孟加拉国'}
    {'柬  埔  寨'}
    {'印       度'}
    {'老       挝'}
    {'缅       甸'}
    {'巴 基 斯 坦'}
    {'尼 日 利 亚'}
    {'南       非'}
countryname(idx==3)
ans =
    19×1 cell 数组
    {'文       莱'}
    {'以 色 列'}
    {'日       本'}
    {'韩       国'}
    {'马 来 西 亚'}
    {'新 加 坡'}
    {'斯 里 兰 卡'}
    {'美       国'}
    {'阿 根 廷'}
    {'捷       克'}
    {'法       国'}
    {'德       国'}
    {'意 大 利'}
    {'荷       兰'}
    {'波       兰'}
    {'西 班 牙'}
    {'英       国'}
    {'澳 大 利 亚'}
    {'新 西 兰'}
```

以上给出了分为三类时的运算结果，每一类中所包含的观测一目了然、简单直观。

7.4 层次聚类

根据运算方向，层次聚类法可以分为合并法和分解法两类，但这两类方法的运算原理实际完全相同，只是方向相反而已。

7.4.1 概述

层次聚类（Hierarchical Clustering）正如它字面上的意思那样，就是层次化的聚类，得出来的结构是一棵树。前面介绍的 k 均值聚类，是"平坦"型的聚类，然而它有一个弱点，就是难以确定类别数 k 值。

这里要说的层次聚类从某种意义上来说也算是解决了这个问题，因为在做聚类时并不需要知道类别数，而得到的结果是一棵树，事后可以在任意的地方横切一刀，得到指定数目的聚类，按需所取即可。

层次聚类的想法很简单，主要分为两大类，即自底向上（agglomerative）和自顶向下（divisive）。自底向上，就是一开始每个数据点各自为一个类别，然后每次迭代选取距离最近的两个类别，把它们合并，直到最后只剩下一个类别为止，至此一棵树构造完成，这也是后面要介绍的。这里还有两个问题需要说清楚：

1）如何计算两个点的距离？这个通常是看具体问题。一般情况下，可以直接用一些比较通用的距离即可，如欧几里得距离等。

2）如何计算两个类别之间的距离？一开始所有类别都是一个点，计算距离只是计算两个点之间的距离，但是经过后续合并之后，一个类别里就不止一个点了，那距离又要怎样算呢？这里又有 3 个方法。

① 最邻近距离（Single Linkage），就是取两个集合中距离最近的两个点的距离作为这两个集合的距离，容易造成一种叫做链接的效果，两个聚类明明从"大局"上离得比较远，但是由于其中个别的点距离比较近就被合并了，并且这样合并之后链接效应会进一步扩大，最后会得到比较松散的聚类。

② Complete Linkage。这个是 Single Linkage 的反面极端，取两个集合中距离最远的两个点的距离作为两个集合的距离。其效果也是刚好相反的，限制非常大，两个聚类即使已经很接近了，但是只要有不配合的点存在，就不相合并，也是不太好的办法。

③ Group Average。这种方法就是把两个集合中的点两两的距离全部放在一起求平均值，相对也能得到合适点的结果。

总地来说，一般不太用 Single Linkage 或者 Complete Linkage 这两种过于极端的方法。整个凝聚层次聚类算法就是这个样子，描述起来相当简单，不过计算起来复杂度还是比较高的，要找出距离最近的两个点，需要一个双重循环，而且 Group Average 计算距离的时候也是一个双重循环。

凝聚层次聚类差不多就这样了，再来看分裂层次聚类（divisive hierarchical clustering），也就是自顶向下的层次聚类，这种方法并没有凝聚层次聚类这样受关注，大概因为把一个节点分割为两个并不如把两个节点结合为一个那么简单吧，通常在需要做层次聚类时但总体的聚类数目又不太多的时候可以考虑这种方法，这时可以分割到符合条件为止，而不必一直分割到每个数据点为一个聚类。

总地来说，分裂层次聚类的每次分割需要关注两个方面：一是选哪一个聚类来分割；二是如何分割。关于聚类的选取，通常采用一些衡量松散程度的度量值来比较，例如，聚类中距离最远的两个数据点之间的距离，或者聚类中所有节点相互距离的平均值等，直接选取最"松散"的一个聚类来分割。而分割的方法也有多种，如直接采用普通的平面聚类（flat clustering）（如 k 均值）来进行二类聚类，不过这样的方法计算量很大，而且像 k 均值聚类这样的和初值选取关系很大的算法，会导致结果不稳定。

另一种比较常用的分割方法如下。

1）待分割的聚类记为 G，在 G 中取出一个到其他点的平均距离最远的点 x，构成新聚

类 *H*。

2）在 *G* 中选取这样的点 *x'*，使得 *x'* 到 *G* 中其他点的平均距离减去 *x'* 到 *H* 中所有点的平均距离这个差值最大，将其归入 *H* 中。

3）重复上一个步骤，直到差值为负。

总地来说，层次聚类算法描述起来很简单，计算起来很困难（计算量很大）。并且，不管是凝聚还是分裂实际上都是贪心算法，也并不能保证得到全局最优的。而得到的结果，虽然说可以从直观上来得到一个比较形象的大局观，但实际应用不如众多平面聚类算法。

7.4.2 层次聚类算法的 Matlab 实现

例 7.7 这里仍然以上面的 iris 数据集来实现层次聚类。层次聚类是基于距离的聚类方法，Matlab 中通过 pdist、linkage、dendrogram、cluster 等函数可以来完成。

首先，使用欧几里得距离创建聚类树：

```
% iris 数据集的层次聚类
eucD = pdist(meas,'euclidean');   %计算 iris 数据观测值的欧几里得距离
clustTreeEuc = linkage(eucD,'average');   % 使用平均距离计算类间距离
```

cophenet 相关是验证簇树与原始距离是否一致的一种方法，其结果越接近 1 表示聚类越好。

```
cophenet(clustTreeEuc,eucD)
ans =
    0.8770
```

要可视化聚类的层次结构，可以绘制树形图，如图 7-30 所示。

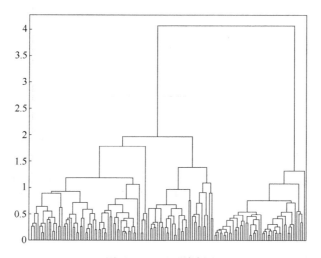

图 7-30 iris 聚类树 1

```
figure;clf;
```

```
[h,nodes] = dendrogram(clustTreeEuc,0);
h_gca = gca;
h_gca.TickDir = 'out';
h_gca.TickLength = [.002 0];
box on
```

图 7-30 实际上就是一棵二叉树,此树中的根节点远高于其余节点,确认您从 k 均值聚类中看到的内容:有两个大的、不同的观察组。在每一组中,可以看到当您考虑距离越来越小的尺度时,出现较低级别的组。有许多不同级别的群体,具有不同的大小,并且具有不同的清晰度。

利用 cluster 函数给出三类聚类结果:

```
% 输出聚类结果
c = cluster(clustTreeEuc,'maxclust',3);  % 给出三类结果
```
可以在 Matlab 工作空间里面通过单击变量 c 查看具体分类结果

创建分颜色显示聚类的树形图。要查看 3 个群集,可以使用参数"ColorThreshold",在倒数第三个和倒数第二个链接之间的中间截止,如图 7-31 所示。

```
% 利用参数 ColorThreshold 用不同颜色显示 3 个聚类树
cutoff = median([clustTreeEuc(end-2,3) clustTreeEuc(end-1,3)]);
figure;clf;
dendrogram(clustTreeEuc,'ColorThreshold',cutoff);
box on
```

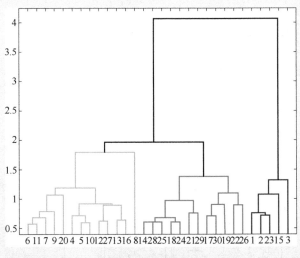

图 7-31　iris 聚类树 2

实际上,上面 k 均值聚类算法和凝聚层次聚类算法中都是使用欧几里得距离来刻画样本的相异性。但聚类中也可以使用样本的相似性来刻画,而对于相似性的刻画,使用向量的余弦是一种比较常用的操作。下面简单使用余弦来进行层次聚类,代码如下:

```
%使用相似性余弦来构建层次聚类树
cosD =pdist(meas,'cosine'); %计算余弦　相似系数
clustTreeCos =linkage(cosD,'average'); %使用平均距离计算类间距离
cophenet(clustTreeCos,cosD) %计算 cophenet 相关系数,系数越接近 1 表示聚类越好
figure;clf;
[h,nodes] =dendrogram(clustTreeCos,0);
h_gca =gca;
h_gca.TickDir = 'out';
h_gca.TickLength =[.002 0];
box on;
```

可以看到 cophenet 相关系数为 0.9360，构建的聚类树如图 7-32 所示。

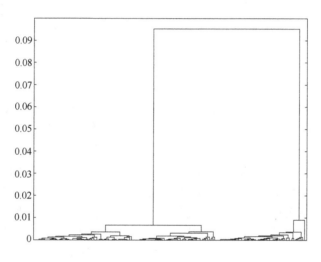

图 7-32　使用余弦构建的聚类树

7.4.3　层次聚类算法的特点

1）在凝聚层次聚类算法和分裂层次聚类算法中，都需要用户提供所希望得到的聚类的单个数量和阈值作为聚类分析的终止条件，但对于复杂的数据来说这是很难事先判定的。尽管层次聚类算法实现很简单，但是偶尔也会遇见合并或分裂点的抉择问题。这样的抉择特别关键，因为只要其中的两个对象合并或者分裂，接下来的处理只能在新生成的簇中完成。已形成的处理就不能被撤销，两个聚类之间也不能交换对象。如果某个阶段没有选择合并或分裂的决策，就非常有可能导致低质量的聚类结果。而且这种聚类算法不具有特别好的可伸缩性，因为它们合并或分裂的决策需要经过检测和估量大量的对象或簇。

2）由于层次聚类算法要使用距离矩阵，所以它的时间和空间复杂度都很高，几乎不能在大数据集上使用。层次聚类算法只处理符合某静态模型的簇而忽略了不同簇间的信息，并且忽略了簇间的互联性（簇间距离较近的样本对的多少）和近似度（簇间对样本对的相似度）。

7.5　高斯混合模型聚类

7.5.1　简介

本节接下来介绍另一个很流行的算法，即高斯混合模型聚类（Gaussian Mixture Model，GMM）。事实上，GMM 和 k 均值聚类很像，GMM 除了用在聚类上，还经常被用于密度估计。简单地说，k 均值聚类的结果是每个数据点被分配到其中某个聚类中了，而 GMM 则给出这些数据点被分配到每个聚类的概率。

得出一个概率有很多好处，因为它的信息量比简单的一个结果要多，比如，可以把这个概率转换为得分，表示算法对自己得出的这个结果的把握。对同一个任务可以由多种方法得到结果，最后选取"把握"最大的那个结果；另一个很常见的应用是在诸如疾病诊断之类的场所，机器对于那些很容易分辨的情况（患病或者不患病的概率很高）可以自动区分，而对于那种很难分辨的情况，比如，49% 的概率患病，51% 的概率正常，如果仅仅简单地使用 50% 的阈值将患者诊断为"正常"的话，风险是非常大的，因此，在机器对自己的结果把握很小的情况下，会"拒绝发表评论"，而把这个问题留给有经验的医生去解决。

众所周知，不管是机器还是人，学习的过程都可以看作一种"归纳"的过程，在归纳时需要有一些假设的前提条件。例如，当你被告知水里游的那个家伙是鱼之后，你使用"在同样的地方生活的是同一种东西"这类似的假设，归纳出"在水里游的都是鱼"这样一个结论。当然这个过程完全是"本能"的，如果不仔细去想，你也不会了解自己是怎样"认识鱼"的。另一个值得注意的地方是，这样的假设并不总是完全正确的，甚至可以说总是会有这样或那样的缺陷的，因此你有可能会把虾、龟甚至是潜水员当作鱼。也许你觉得可以通过修改前提假设来解决这个问题。例如，基于"生活在同样的地方并且穿着同样衣服的是同一种东西"这个假设，你得出结论：在水里游并且身上长有鳞片的是鱼。可是这样还是有问题，因为有些没有长鳞片的鱼现在又被你排除在外了。

在这个问题上，机器学习面临着和人一样的问题，在机器学习中，一个学习算法也会有一个前提假设，这里被称为"归纳偏执（Bias）"（Bias 一词在机器学习和统计里还有其他许多的意思）。例如，线性回归，目的是要找一个函数尽可能好地拟合给定的数据点，它的归纳偏执就是"满足要求的函数必须是线性函数"。一个没有归纳偏执的学习算法从某种意义上来说毫无用处，就像一个完全没有归纳能力的人一样，在第一次看到鱼时有人告诉他那是鱼，下次看到另一条鱼了，他并不知道那也是鱼，因为两条鱼总有一些地方不一样，或者就算是同一条鱼，在河里不同的地方看到，或者只是看到的时间不一样，也会被他认为是不同的，因为他无法归纳，无法提取主要矛盾，忽略次要因素，只好要求所有的条件都完全一样——然而哲学家已经告诉过我们：世界上不会有任何两样东西是完全一样的，所以这个人即使是有无比强悍的记忆力，也绝对学不到任何一点知识。

这个问题在机器学习中称为"过拟合（Overfitting）"。例如，前面的回归问题，如果去掉"线性函数"这个归纳偏执，因为对于 N 个点，总是可以构造一个 $N-1$ 次多项式函数，让它完美地穿过所有的这 N 个点，或者如果用任何大于 $N-1$ 次的多项式函数，甚至可以构造出无穷多个满足条件的函数。如果假定特定领域里的问题所给定的数据个数总是有上限的话，可以取一个足够大的 N，从而得到一个（或者无穷多个）"超级函数"，能够拟合这个领域内所有的问题。然而这个（或者这无穷多个）"超级函数"有用吗？只要注意到学习目的，不是解释现有的事物，而是从中归纳出知识，并能应用到新事物上，结果就显而易见了。

没有归纳偏执或者归纳偏执太宽泛会导致过拟合，然而另一个极端——限制过大的归纳偏执也是有问题的：如果数据本身并不是线性的，强行用线性函数去做回归通常并不能得到好结果，难点在于在这之间寻找一个平衡点。人在这里相对于（现在的）机器来说有一个很大的优势：人通常不会孤立地用某一独立的系统和模型去处理问题，一个人每天都会从各个来源获取大量的信息，并且通过各种手段进行整合处理，归纳所得的所有知识最终得以统一地存储起来，并能有机地组合起来去解决特定的问题。

再回到 GMM。按照前面的讨论，作为一个流行算法，GMM 肯定有它自己的一个相当体面的归纳偏执。其实它的假设非常简单，顾名思义，Gaussian Mixture Model 就是假设数据服从 Mixture Gaussian Distribution（混合高斯分布），换句话说，数据可以看作从数个高斯分布中生成的。实际上，从中心极限定理可以看出，高斯分布（也叫作正态分布）这个假设其实是比较合理的，此外，高斯分布在计算上也有一些很好的性质，所以，虽然可以用不同的分布来随意构造 XX Mixture Model，但还是 GMM 最为流行。另外，Mixture Model 本身也是可以变得任意复杂的，通过增加模型个数，可以任意逼近任何连续的概率密度分布。

每个 GMM 由 K 个高斯分布组成，每个高斯分布称为一个"Component"，这些 Component 线性加成在一起就组成了 GMM 的概率密度函数，即

$$p(x) = \sum_{k=1}^{K} p(k)p(x \mid k)$$

$$= \sum_{k=1}^{K} \pi_k \mathcal{N}(x \mid \mu_k, \Sigma_k)$$

根据上面的式子，如果要从 GMM 的分布中随机地取一个点，可以分为两步：首先随机地在这 K 个 Component 中任选一个，每个 Component 被选中的概率实际上就是它的系数 π_k，选中了 Component 之后，再单独考虑从这个 Component 的分布中选取一个点就可以了——这里已经回到了普通的高斯分布，转化为了已知的问题。

那么如何用 GMM 来做聚类呢？其实很简单，现在已经有了数据，假定它们是由 GMM 生成的，那么只要根据数据推出 GMM 的概率分布即可，然后 GMM 的 K 个 Component 实际上就对应了 K 个聚类了。根据数据来推算概率密度通常被称为密度估计（Density Estimation），特别地，在已知（或假定）概率密度函数的形式，而要估计其中参数的过程被称为"参数估计"。

现在假设有 N 个数据点，并假设它们服从某个分布（记为 $p(x)$），现在要确定里面的一些参数值。例如，在 GMM 中，就需要确定 π_k、μ_k 和 Σ_k 这些参数。首先找到这样一组参数，它所确定的概率分布生成这些给定的数据点的概率最大，而这个概率实际上就等于 $\prod_{i=1}^{N} p(x_i)$，把这个乘积称为似然函数（Likelihood Function）。通常单个点的概率都很小，许多很小的数字相乘起来在计算机里很容易造成浮点数下溢，因此通常会对其取对数，把乘积变成加和 $\sum_{i=1}^{N} \log p(x_i)$，得到对数似然函数。接下来只要将这个函数最大化（通常的做法是求导并令导数等于零，然后解方程），即可找到这样一组参数值，它让似然函数取得最大

值，就认为这是最合适的参数，这样就完成了参数估计的过程。

下面来看一看 GMM 的对数似然函数，即

$$\sum_{i=1}^{N} \log\left\{ \sum_{k=1}^{K} \pi_k \mathcal{N}(x_i \mid \mu_k, \Sigma_k) \right\}$$

由于在对数函数里又有加和，没法直接用求导解方程的办法直接求得最大值。为了解决这个问题，采取之前从 GMM 中随机选点的办法：分成两步，实际上也就类似于 k 均值的两步。

1）估计数据由每个 Component 生成的概率（并不是每个 Component 被选中的概率）。对于每个数据 x_i 来说，它由第 k 个 Component 生成的概率为

$$\gamma(i, k) = \frac{\pi_k \mathcal{N}(x_i \mid \mu_k, \Sigma_k)}{\sum_{j=1}^{K} \pi_j \mathcal{N}(x_i \mid \mu_j, \Sigma_j)}$$

由于式子里的 μ_k 和 Σ_k 也是需要估计的值，故采用迭代法，在计算 $\gamma(i, k)$ 时假定 μ_k 和 Σ_k 均已知，将取上一次迭代所得的值（或者初始值）。

2）估计每个 Component 的参数。现在假设上一步中得到的 $\gamma(i, k)$ 就是正确的"数据 x_i 由 Component k 生成的概率"，也可以当作该 Component 在生成这个数据上所做的贡献，或者说，可以看作 x_i 这个值其中有 $\gamma(i,k)x_i$ 这部分是由 Component k 所生成的。集中考虑所有的数据点，现在实际上可以看作 Component 生成了 $\gamma(1,k)x_1, \cdots, \gamma(N,k)x_N$ 这些点。由于每个 Component 都是一个标准的 Gaussian 分布，可以很容易分别求出最大似然所对应的参数值，即

$$\mu_k = \frac{1}{N_k} \sum_{i=1}^{N} \gamma(i,k) x_i$$

$$\Sigma_k = \frac{1}{N_k} \sum_{i=1}^{N} \gamma(i,k)(x_i - \mu_k)(x_i - \mu_k)^{\mathrm{T}}$$

其中，$N_k = \sum_{i=1}^{N} \gamma(i,k)$，并且 π_k 也顺理成章地可以估计为 N_k / N。

3）重复迭代前面两步，直到似然函数的值收敛为止。

7.5.2　高斯混合模型聚类算法的 Matlab 实现

例 7.8　在 Matlab 中可以利用函数 gmdistribution. fit 来实现聚类。本节仍然采用 iris 数据集。

```
% 使用 GMM 算法进行聚类
gmobj = gmdistribution. fit(meas,3);    % 使用 GMM 算法分成三类
gidx = cluster(gmobj,meas);    % 聚类数赋值给 gidx
% 绘制 3 个聚类散点图
for i = 1:3
        clust = find(gidx == i);
        plot(meas(clust,3),meas(clust,4),ptsymb{i});    % 绘制 3 个聚类散点图
        hold on
end
hold off
```

```
xlabel('花瓣长度');
ylabel('花瓣宽度');
```

得到图 7-33 所示的聚类散点图。

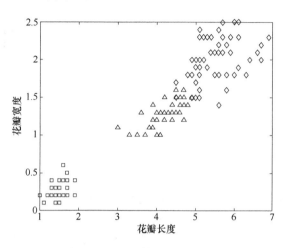

图 7-33   GMM 算法聚类散点图

GMM 算法的优点是能给出属于每个聚类的概率，可以通过下面的代码计算样本属于不同聚类的概率。

```
% 计算分类概率
P = posterior(gmobj,meas);
GMM 算法的最大好处可以通过 AIC 准则寻找最优聚类数
% 通过 AIC 准则寻找最优的分类数
AIC = zeros(1,5);
NlogL = AIC;
GM = cell(1,5);
for k = 1:5
    GM{k} = gmdistribution.fit(meas,k);
    AIC(k) = GM{k}.AIC;
    NlogL(k) = GM{k}.NlogL;
end
[minAIC,numComponents] = min(AIC)
```

通过运行上面的代码，得到最优聚类数为 4，最优 AIC 为 446.5683。在本节中，由于原始观察值已经知道是三类，故一开始就选择了 3 个聚类。

第8章

分 类

分类是一种重要的数据挖掘技术，其目的是根据数据集的特点构造一个分类函数或分类模型，该模型能把未知类别的样本映射到给定的类别中。

Classification 一词被译为分类，对于分类器（Classifier），通常需要你告诉它"这个东西被分为某某类"等，理想情况下，分类器会从它得到的训练集中进行"学习"，从而具备对未知数据进行分类的能力，这种提供训练数据的过程在机器学习中通常叫做监督学习（Supervised Learning）。

8.1 分类算法简介

分类算法可简单描述为，接受已知的输入数据集合（训练集）和已知的对数据的响应（输出），然后训练一个模型，为新输入数据的响应生成合理的预测（分类）。

在处理分类问题时，一开始就要确定该问题是二元问题还是多类问题。对于二元分类问题，单个训练或测试项目（实例）只能分成两类，如确定电子邮件是真正邮件还是垃圾邮件。对于多类分类问题，可以分成多个类，如训练一个模型，将图像分类为狗、猫或其他动物。多类分类问题一般更具挑战性，因为需要比较复杂的模型。下面简要介绍常见的分类算法。

8.1.1 逻辑回归分类算法

在回归分析中，因变量 y 可能有以下两种情况。

1）y 是一个定量的变量，这时就用通常的 regress 函数对 y 进行回归。

2）y 是一个定性的变量，如 $y = 0$ 或 1，这时就不能用常规的 regress 函数对 y 进行回归，而要使用逻辑回归（Logistic Regression）。逻辑回归分类算法主要应用于研究某些现象发生的概率 P，基本形式为

$$P(y=1 \mid x_1, x_2, \cdots, x_k) = \frac{\exp(\beta_0 + \beta_1 x_1 + \cdots + \beta_k x_k)}{1 + \exp(\beta_0 + \beta_1 x_1 + \cdots + \beta_k x_k)}$$

式中，β_0，β_1，$\cdots$，β_k 为类似于多元线性回归模型中的回归系数。

对上式进行对数变换时，可以将逻辑回归问题转化为线性回归问题，如图 8-1 所示，这

时可以按照多元线性回归的方法很容易得到回归参数。

1. 工作原理

适合可以预测属于一个类或另一个类的二元响应概率的模型。因为逻辑回归比较简单，所以常用作二分类问题的起点。

2. 最佳使用时机

当数据能由一个线性边界清晰划分时，作为评估更复杂分类方法的基准。

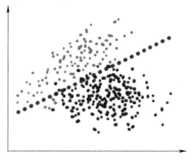

图 8-1　逻辑回归算法示意图

8.1.2　K 近邻分类算法

K 近邻（K Nearest Neighbors，KNN）分类算法是一种基于实例的分类算法，是一种非参数的分类技术。该方法通过计算每个训练样例到待分类样品的距离，取和待分类样品距离最近的 K 个训练样例，K 个样品中哪个类别的训练样例占多数，则待分类元组就属于哪个类别。如图 8-2 所示，数据点根据位于圆圈中心点近邻的类标号进行分类，如果数据点的近邻中含有多个类标号，则将该数据点指派到其最近邻的多数类。

1. 工作原理

KNN 根据数据集内类的最近邻关系划分对象的类别。KNN 预测假定相互靠近的对象是相似的。距离量度（如欧几里得距离、绝对值距离、夹角余弦和 Chebychev 距离）用来查找最近邻对象。

图 8-2　KNN 算法示意图

2. 最佳使用时机

当需要简单算法来设立基准学习规则时，当无须太关注训练模型的内存使用时，当无须太关注训练模型的预测速度时。

3. K 近邻分类算法的具体步骤

1）初始化距离为最大值。

2）计算未知样本和每个训练样本的距离 dist。

3）得到目前 K 个最邻近样本中的最大距离 maxdist。

4）如果 dist < maxdist，则将训练样本作为 k 最近邻样本。

5）重复步骤 2）~4），直到未知样本和所有训练样本的距离都算完。

6）统计 k 个最近邻样本中每个类别出现的次数。

7）选择出现频率最大的类别作为未知类别出现的次数。

8.1.3　支持向量机分类算法

支持向量机（Support Vector Machine，SVM）分类算法具有相对优良的指标。该方法是已知训练点的类别，求训练点和类别之间的对应关系，以便将训练集按照类别分开，或者预测新的训练点所对应的类别。

SVM 分类算法构建了一个分割两类的超平面，在构建的过程中，SVM 算法试图使两类之间的分割达到最大化，如图 8-3 所示，当对新的样本进行分类时，基于学习所得的分类器使得分析人员预测错误的概率最小化。

1. 工作原理

通过搜索能将全部数据点分割开的判别边界（超平面）对数据进行分类。当数据为线性可分离时，SVM 的最佳超平面是在两个类之间具有最大边距的超平面。如果数据不是线性可分离，则使用损失函数对处于超平面错误一边的点进行惩罚。SVM 有时使用核变换，将非线性可分离的数据变换为可找到线性判定边界的更高维度。

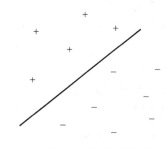

图 8-3　SVM 分类算法划分示意图

2. 最佳使用时机

适用于正好有两个类的数据（借助纠错输出码技术，也可以将其用于多类分类）；适用于高维、非线性可分离的数据；当需要一个简单、易于解释、准确的分类器时。

8.1.4　人工神经网络分类算法

人工神经网络（Artificial Neural Networks，ANN）是一种应用于类似大脑神经突触连接的结构进行信息处理的数学模型，在该模型中，大量节点之间相互连接构成网络，即"神经网络"，以达到处理信息的目的。类似于人脑的结构，ANN 由一组相互连接的节点和有向链构成，如图 8-4 所示。

神经网络结构中的节点通常称为神经元或单元，每个输入节点都通过一个加权的链连接到输出节点，这个加权的链用来模拟神经元间神经键连接的强度，像生物神经系统一样，训练一个感知器模型就相当于不断调整链的权值，直到能拟合训练数据的输入、输出关系为止。

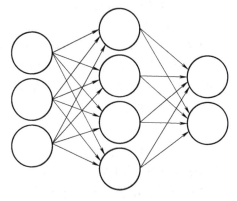

图 8-4　ANN 算法示意图

1. 工作原理

受人脑的启发，神经网络由高度互连的神经元网络组成，这些神经元将输入与所需输出相关联。通过反复修改联系的强度，对网络进行训练，使给定的输入映射到正确的响应。

2. 最佳使用时机

适用于高度非线性系统建模；当数据逐渐增多，您又希望不断更新模型时；当输入数据可能有意外变动时；当模型可解释性不是主要考虑因素时。

8.1.5　朴素贝叶斯分类算法

贝叶斯（Bayes）分类是一类分类算法的总称，这类算法均以贝叶斯定理为基础，故统称为贝叶斯分类，其分类原理是贝叶斯定理。朴素贝叶斯分类是根据给出的待分类项，求解此项出现的条件下各个类别出现的概率，哪个最大，就认为此待分类项属于哪个类别，如图 8-5 所示。

1. 工作原理

朴素贝叶斯分类器假设类中某一具体特征的存在与任何其他特征的存在不相关。根据数据属于某个特定类的最高概率对新数据进行分类。

2. 最佳使用时机

适用于包含许多参数的小数据集；当需要易于解释的分类器时；当模型会遇到不在训练数据中的情形时，许多金融和医学应用就属于这种情况。

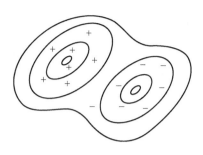

图 8-5　贝叶斯分类算法示意图

8.1.6　判别分析分类算法

判别分析（Discriminant Analysis，DA）技术由费舍于 1936 年提出，它是根据观测到的若干变量值判断研究对象如何分类的方法，具体来说，就是已知一定数量案例的一个分组变量和这些案例的一些特征变量，确定分组变量和特征变量之间的数量关系，建立判别函数，然后利用这一数量关系对其他已知特征变量信息、但未知分组类型所属的案例进行判别分组，如图 8-6 所示。

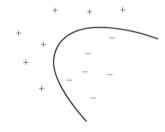

1. 工作原理

判别分析通过发现特征的线性组合来对数据分类。判别分析假定不同的类根据高斯分布生成数据。训练判别分析模型涉及查找每个类的高斯分布

图 8-6　判别分析分类算法示意图

的参数。分布参数用来计算边界，边界可能为线性函数或二次函数，用这些边界来确定新数据的类。

2. 最佳使用时机

当需要易于解释的简单模型时；当训练过程中的内存使用是需要关注的问题时；当需要快速预测的模型时。

8.1.7　决策树分类算法

决策树（Decision Tree）又称为分类树，其目标是针对类别因变量加以预测或解释反应结果。决策树是一种监督式的学习方法，产生一种类似流程图的树结构，如图 8-7 所示。决策树对数据进行处理是利用归纳算法产生分类规则和决策树，再对新数据进行预测分析。

1. 工作原理

利用决策树预测对数据响应的方法是，按照树中根节点（起始）到叶节点的顺序自上而下地决策。树由分支条件组成，在这些条件中，预测元的值与训练的权重进行比较。分支数量和权重值在训练过程中确定。

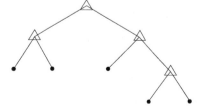

图 8-7　决策树分类算法示意图

2. 最佳使用时机

当需要易于解释和快速拟合的算法时；最小化内存使用；当不要求很高的预测准确性时。

8.1.8　集成学习分类算法

集成方法或元算法是对其他算法进行组合的一种方式，将不同的分类器组合起来，而这种组合结果称为集成方法或元算法。使用集成算法时会有很多形式。集成学习分类算法如图8-8所示，主要算法有 Bagging 和 Boosting 方法。

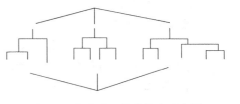

图 8-8　集成学习分类算法示意图

Bagging 方法（Bootstrap Aggregating）：对数据集进行多次放回抽样，每次的抽样进行分类计算生成弱分类器，分类问题就是把每次的计算结果进行投票，看哪一种情况票数多即为最后结果。回归问题就是把所有生成的弱分类器结果进行取平均。

Boosting 方法：初始对每个样本分配相同的权重，每次经过分类，把正确结果的权重降低，错误结果的权重增高，如此往复，直到阈值或者达到最大循环次数为止。

Bagging 和 Boosting 的区别如下：

1）Bagging 的训练集是随机的，各训练集是独立的；而 Boosting 训练集的选择不是独立的，每次选择的训练集都依赖于上一次学习的结果。

2）Bagging 的每个预测函数都没有权重；而 Boosting 根据每次训练的误差得到该次预测函数的权重。

3）Bagging 的各个预测函数可以并行生成；而 Boosting 只能顺序生成。

1. 工作原理

在这些集成方法中，几个"较弱"的决策树组合成一个"较强"的整体。

Bagging 决策树由输入数据中自举的数据进行独立训练的树组成。促进决策树涉及创建一个强学习器，具体方法是，迭代地添加"弱"学习器并调节每个弱学习器的权重，从而将重点放在错误分类的样本。

2. 最佳使用时机

当预测元为无序类别（离散）或表现非线性时；当无须太关注训练一个模型所用时间时。

应用案例

生产设备的预测性维护

一家塑料加工厂每年生产大约 1800 万 t 的塑料和薄膜产品。工厂的 900 名工人一年 365 天、一天 24h 保证机器运转。

为达到机器故障率最小化，工厂效率最大化，工程人员开发运行状况监测和预测性维护应用软件，使用先进的统计和机器学习算法，找出机器的潜在问题，以便操作人员能够采取正确措施，防止发生严重问题。

在收集、清理和记录工厂中所有机器的数据后，工程人员评估几项机器学习技术，包括神经网络、K 近邻、Bagging 决策树和支持向量机（SVM）。对于每项技术，他们使用记录的机器数据训练一个分类模型，然后测试该模型预测机器问题的能力。测试表明，Bagging 决策树的整体集成是预测生产质量的最精确模型。

8.2 分类的评判

8.2.1 评判指标

在介绍系列指标之前，先明确以下4个基本定义，为了更好地说明，这里以二元分类为例。

1）True Positive（TP）：指模型预测为正（1）的，并且实际上也的确是正（1）的观察对象的数量。

2）True Negative（TN）：指模型预测为负（0）的，并且实际上也的确是负（0）的观察对象的数量。

3）False Positive（FP）：指模型预测为正（1）的，并且实际上是负（0）的观察对象的数量。

4）False Negative（FN）：指模型预测为负（0）的，并且实际上是正（1）的观察对象的数量。

基于上面4个基本定义可以用一个表格简单地体现，见表8-1，这个表以矩阵形式体现，称为混淆矩阵。

表 8-1　二类问题的混淆矩阵

		预测的类	
		类 1	类 0
实际的类	类 1	TP	FN
	类 0	FP	TN

基于上述4个基本定义，可以延伸出以下评价指标。

（1）Accuracy Rate（正确率）　模型总体正确率，是指模型能正确预测、识别1和0的对象数量与预测对象总数的比值，公式为

$$D = \frac{TP + TN}{TP + FP + FN + TN}$$

（2）Error rate（错误率）　模型总体的错误率，是指模型错误预测、错误识别1和0观察对象与预测对象总数的比值，也即是1减去正确率，公式为

$$N = 1 - \frac{TP + TN}{TP + FP + FN + TN}$$

（3）Sensitivity（灵敏性）　又称为击中率或真阳率，模型正确识别为正（1）的对象占全部观察对象中实际为正（1）的对象数量的比值，公式为

$$S = \frac{TP}{TP + FN}$$

（4）Specificity（特效性）　又称为真负率，模型正确识别为负（0）的对象占全部观察对象中实际为负（0）的对象数量的比值，公式为

$$V = \frac{TN}{TN + FP}$$

（5）Precision（精度）　模型的精度是指模型正确识别为正（1）的对象占模型识别为

正（1）的对象数量的比值，公式为

$$J = \frac{TP}{TP + FP}$$

（6）False Positive Rate（错正率） 又称假阳率，模型错误识别为正（1）的对象占实际为负（0）的对象数量的比值，即 1 减去真负率，公式为

$$R = \frac{FP}{TN + FP}$$

（7）Negative Predictive Value（负元正确率） 模型正确识别为负（0）的对象占模型识别为负（0）的观察对象总数的比值，公式为

$$T = \frac{TN}{TN + FN}$$

（8）False Discovery Value（正元错误率） 模型错误识别为正（1）的对象占模型识别为正（1）的观察对象总数的比值，公式为

$$Q = \frac{FP}{TP + FP}$$

上述各种基本指标，从各个角度对模型的表现进行了评估，在实际应用场景中，可以有选择地采用其中某些指标（不一定全部采用），关键看具体的项目背景和业务场景，针对其侧重点来选择。

8.2.2　ROC 曲线和 AUC

ROC 曲线是一种有效比较（或对比）分类模型的可视化工具，ROC 曲线来源于信号检测理论，它显示了给定模型的真阳率（Sensitivity）和假阳率（False Positive Rate）之间的比较评定。比如给定一个二元分类问题，通过对测试数据集的不同部分所显示的模型观察，可以正确识别 1 的比例和模型将 0 实例错误地识别为 1 的比例并进行分析，来比较不同模型的准确率并评定。正阳率的增加是以假阳率的增加为代价的，ROC 曲线下的面积称为 AUC。简单来说，AUC 越大，模型的预测效果越好。

如果将模型的阈值从 0 缓慢增加到 1，并把每个阈值对应的预测结果记录在图上，就可以得到所谓的 ROC 曲线（Receiver Operating Characteristic Curve，接收者操作特征曲线），如图 8-9 所示。ROC 曲线下的面积，图中的灰色部分被称为 AUC，这是一个很重要的评估指标。简单来讲，AUC 越大，模型的预测效果越好。

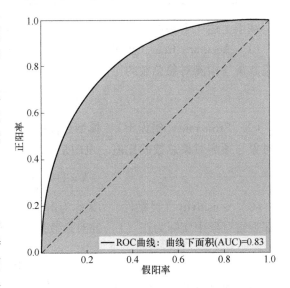

图 8-9　ROC 曲线和 AUC

在图 8-9 中，其横轴是假阳率，其纵轴是正阳率。ROC 曲线离对角线越近，模型的准

确率就越低。

由于大部分人工智能分类模型是所谓的评分模型，也就是直接的模型结果是类别的概率而非类别本身，因此，准确率、错误率等这种分类结果的评估指标并不能很好地评判模型效果。而 AUC 则不同，它可以很全面地评判一个模型，因为它通过构造 ROC 曲线将所有可能的分类结果都综合考虑。

8.3 判别分析分类的具体应用

分类算法众多，本节重点介绍判别分析分类和 Matlab 分类器 App 的使用。

8.3.1 判别分析的定义、特点和类型

1. 定义

判别分析：对未知类别的样品进行归类的一种方法。具体而言，根据抽取的样本建立判别公式和判别准则，然后根据判别公式和判别准则，判别未知类别的样品所属类别。例如，根据患者的临床症状和化验结果判别患者疾病的类型；根据经济各项发展指标判断一个国家发展水平所属类型；文字识别、语音识别、指纹识别等。下面的例子是一个典型的判别分类问题。

2. 特点

判别分析的主要特点是根据已掌握的、历史上每个类别的若干样本的数据信息，总结出客观事物分类的规律性，建立判别公式和判别准则。当遇到新的样本点时，只要根据总结出来的判别公式和判别准则，就能判别出该样本点所属的类别。判别分析按照判别的组数来区分，可以分为两组判别分析和多组判别分析。

3. 判别分析类型

判别分析类型有距离判别、Fisher 判别、贝叶斯判别。

（1）距离判别 首先根据已知分类的数据，分别计算各类的重心，计算新个体到每类的距离，确定最短的距离（欧几里得距离、马哈拉诺比斯距离）。

（2）Fisher 判别 利用已知类别个体的指标构造判别式（同类差别较小、不同类差别较大），按照判别式的值判断新个体的类别。

（3）贝叶斯判别（Bayes 判别） 计算新样品属于各总体的条件概率，比较概率的大小，然后将新样品判归为来自概率最大的总体。

8.3.2 距离判别

在第 7 章已经详细介绍了各种距离及 Matlab 的具体实现。基于由印度统计学家马哈拉诺比斯（P. C. Mahalanobis）提出的马氏距离，首先给出距离判别法的具体实现。

1. 直接使用马哈拉诺比斯距离实现距离判别

距离基本步骤如下。

1）计算 A、B 两类的均值向量与协方差阵，即

$$\boldsymbol{m}_a = \text{mean}(A), \boldsymbol{m}_b = \text{mean}(B), S_1 = \text{cov}(A), S_2 = \text{cov}(B)$$

2）计算总体的协方差矩阵，即

$$S = \frac{(n_1 - 1)S_1 + (n_2 - 1)S_2}{n_1 + n_2 - 2}$$

3）计算未知样本 x 到 A、B 两类马哈拉诺比斯平方距离之差

$$d = (x - \boldsymbol{m}_a)\boldsymbol{S}^{-1}(x - \boldsymbol{m}_a)' - (x - \boldsymbol{m}_b)\boldsymbol{S}^{-1}(x - \boldsymbol{m}_b)'$$

4）作出结论：若 $d < 0$，则 x 属于 A 类；若 $d > 0$，则 x 属于 B 类。

> **注意：**
>   1）此处 $\boldsymbol{m}_a$、$\boldsymbol{m}_b$ 都是行向量。
>   2）当 x 是一个矩阵时，则用 ones 矩阵左乘 $(\boldsymbol{m}_a + \boldsymbol{m}_b)/2$ 以后，方可与 x 相减。

例 8.1　（1989 年国际数学竞赛 A 题）蠓的分类。

蠓是一种昆虫，分为很多类型，其中有一种名为 Af，是能传播花粉的益虫；另一种名为 Apf，是会传播疾病的害虫，这两种类型的蠓在形态上十分相似，很难区别。现测得 6 只 Apf 和 9 只 Af 蠓虫的触角长度和翅膀长度数据。

Apf：（1.14，1.78），（1.18，1.96），（1.20，1.86），（1.26，2.00），（1.28，2.00），（1.30，1.96）

Af：（1.24，1.72），（1.36，1.74），（1.38，1.64），（1.38，1.82），（1.38，1.90），（1.40，1.70），（1.48，1.82），（1.54，1.82），（1.56，2.08）

试判别（1.24，1.8）（1.28，1.84）（1.4，2.04）3 个蠓虫属于哪一类。

试用距离判别法实现。

解：根据上述计算过程，Matlab 代码如下：

```
apf = [1.14,1.78;1.18,1.96;1.20,1.86;1.26,2.;1.28,2;1.30,1.96];
af = [1.24,1.72;1.36,1.74;1.38,1.64;1.38,1.82;1.38,1.90;1.40,1.70;1.48,1.82;
1.54,1.82;1.56,2.08];
x = [1.24,1.8;1.28,1.84;1.4,2.04];
m1 = mean(apf);m2 = mean(af);s1 = cov(apf);s2 = cov(af);
S = (5 * s1 + 8 * s2)/13;
for i = 1:3,
  D(i) = (x(i,:) -m1) * inv(S) * (x(i,:) -m1)' - (x(i,:) -m2) * inv(S) * (x(i,:) -m2)';
end
D
```

输出结果为：

```
ans
 D = -4.3279
    -2.7137
    -3.9604
```

故 3 个蠓虫均属 Apf。

总结：直接使用马哈拉诺比斯距离可实现距离判别，Matlab 编程实现过程如下：

1）计算 A、B 两类的均值向量与协方差阵为
$$m_a = \text{mean}(A), m_b = \text{mean}(B), S_1 = \text{cov}(A), S_2 = \text{cov}(B)$$

2）计算总体的协方差矩阵，即
$$S = [(\text{length}(A(:,1)) - 1) * S1 + (\text{length}(B(:,1)) - 1) * S2]/$$
$$(\text{length}(A(:,1)) + (\text{length}(B(:,1)) - 2)$$

其中 $\text{length}(A(:,1))$，$\text{length}(B(:,1))$ 分别为两个样本的容量（即矩阵 A、B 的行数）。

3）计算未知样本 x 到 A、B 两类马哈拉诺比斯距离之差，即
$$d = (x - m_a) * \text{inv}(S) * (x - m_a)' - (x - m_b) * \text{inv}(S) * (x - m_b)'$$

4）若 $d < 0$，则 x 属于 A 类；若 $d > 0$，则 x 属于 B 类。

2. 使用 Matlab 统计工具箱的函数实现距离判别

Matlab 统计工具箱提供了 classify 函数，用来对未知类别的样品进行判别，格式有以下几个。

1）class = classify(sample, training, group)

2）class = classify(sample, training, group, type)

3）class = classify(sample, training, group, type, prior)

4）[class, err] = classify(…….)

5）[class, err, posterior] = classify(…….)

6）[class, err, posterior, logp] = classify(…….)

功能：将 sample 中的每个观测归入 training 中观测所在的每个组中。其中输入参数如下：

sample：待判别的样本数据矩阵。

training：用于构造判别函数的训练样本数据矩阵。

group：是与 training 相应的分组变量。

type：指定判别函数的类型，如 'linear'、'diaglinear'、'quadratic'，见表 8-2。

prior：指定各组的先验概率。

表 8-2　classify 函数支持的判别函数类型

类 型 参 数	功　　能
'linear'	线性判别函数（默认情况）
'diaglinear'	与 'linear' 类似，此时用一个对角矩阵作为协方差矩阵的估计
'quadratic'	二次判别函数
'diagquadratic'	与 'quadratic' 类似，此时用一个对角矩阵作为各协方差矩阵的估计
'mahalanobis'	各组协方差矩阵不全相等并未知时的距离判别，此时分别得出各组的协方差矩阵的估计

输出参数如下：

class：是一个列向量，用来指定 sample 中各观测所在的组，与 group 数据类型相同。

err：基于 training 数据的误判概率的估计值。

posterior：后验概率估计值矩阵，第 i 行第 j 列元素是第 i 个观测值属于第 j 个组的后验概率的估计值。

logp：各观测的无条件概率密度的对数估计值向量。

例 8.2 对 21 个破产的企业收集它们在破产前两年的年度财务数据，同时对 25 个财务良好的企业也收集同一时期的数据，数据涉及 4 个变量，即 X_1 = 现金流量/总债务、X_2 = 净收入/总资产、X_3 = 流动资产/流动债务、X_4 = 流动资产/净销售额。

数据在表"examp1. xls"中，其中一组为破产企业，一组为非破产企业。现有 4 个未分类企业，它们的数据在"examp1. xls"表的最后 4 行，试根据距离判别法，对这 4 个未分类企业进行分类。

解：计算过程如下。

1）读取 examp1. xls 表中的数据，Matlab 代码如下：

```
sample = xlsread('examp1.xls','','C2:F51');
training = xlsread('examp1.xls','','C2:F47');
group = xlsread('examp1.xls','','B2:B47');
obs = [1:50]';
```

2）使用 classify 函数进行距离判别，代码如下：

```
[C,err] = classify(sample,training,group,'mahalanobis');
[obs,C]
err    % 显示结果
```

输出结果如图 8-10 所示。

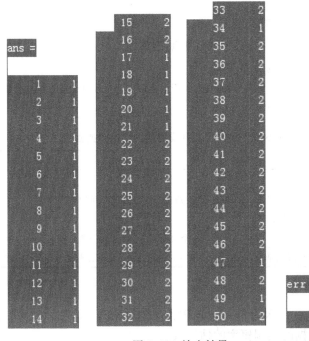

图 8-10　输出结果

结果分析：

从图 8-10 中可以看出，有 3 个数据发生误判：15 号、16 号（由第 1 组分类为第 2 组）

误判的概率为 $p_1 = 2/21$；8-10 中 34 号（由第 2 组分类为第 1 组）误判的概率为 $p_2 = 1/25$。

Classify 求误判概率：首先求训练样本的百分比，然后用先验概率加权求和，即得到误判概率：err $= 0.5 \times p_1 + 0.5 \times p_2 = 0.0676$。

47～50 号为未知组别的样品，第 47、49 分类为第 1 组，48、50 号分类为第 2 组。

8.3.3 贝叶斯判别

距离判别只要求知道总体的数字特征，不涉及总体的分布函数，当参数和协方差未知时，就用样本的均值和协方差矩阵来估计。距离判别方法简单、实用，但没有考虑到每个总体出现的机会大小（即先验概率），没有考虑到错判的损失。贝叶斯判别法正是为了解决这两个问题提出的判别分析方法。

1. 贝叶斯判别准则

一个好的判别方法，既要考虑到各个总体出现的先验概率，又要考虑到错判造成的损失，贝叶斯判别就具有这些优点。首先需要理解贝叶斯公式，即

$$P\left(\frac{B_i}{A}\right) = \frac{P\left(\frac{A}{B_i}\right)P(B_i)}{\sum P\left(\frac{A}{B_i}\right)P(B_i)}$$

贝叶斯判别法的基本准则为后验概率最大原则，设有总体 $G_i(i = 1, 2, \cdots, k)$，具有概率密度函数 $f_i(x)(i = 1, 2, \cdots, k)$，并且根据以往的统计分析，知道出现的概率为 $P_i(i = 1, 2, \cdots, k)$，即当样本 x_0 发生时，求它属于某类的概率。

由贝叶斯公式计算后验概率，有

$$P\left(\frac{G_i}{x_0}\right) = \frac{P_i f_i(x_0)}{\sum P_j f_j(x_0)}$$

判别准则为：

$$P\left(\frac{G_l}{x_0}\right) = \frac{P_l f_l(x_0)}{\sum p_j f_j(x_0)} = \max_{1 \leqslant i \leqslant k} \frac{P_i f_i(x_0)}{\sum p_j f_j(x_0)}$$

则 x_0 判给 G_l。

2. 使用 Matlab 统计工具箱的函数实现贝叶斯判别

Matlab 统计工具箱提供了 ClassificationNaiveBayes 类实现贝叶斯判别，该类的主要方法有以下几个：

（1）fit 方法　用来根据训练样本创建一个朴素贝叶斯分类器对象，调用格式为

$$\text{Nb} = \text{NaiveBayes. fit(training, class)}$$

其中，training 为样本训练观测值，每行对应一个观测值，每列对应一个变量；class 是分组分量。

$$\text{Nb} = \text{NaiveBayes. fit}(\cdots, ' 参数 1', ' 值 1', ' 参数 2', ' 值 2',)$$

功能是通过指定参数来控制所创建的朴素贝叶斯分类器对象。

（2）predict 方法　在用 fit 方法根据训练样本创建一个朴素贝叶斯分类器对象后，可以利用对象的 predict 方法对待判样品进行分类，调用格式为

$$\text{Cpre} = \text{predict(nb, test)}$$

其中，参数 nb 为朴素贝叶斯分类器对象，输入参数 test 是 n 行、nb. ndims 列的矩阵，n 为 test 中观测的个数。

例 8.3 贝叶斯判别法案例分析：Fisher 于 1936 年发表的鸢尾花数据被广泛作为分类的例子。数据是对刚毛鸢尾花、变色鸢尾花和弗吉尼亚鸢尾花 3 种鸢尾花各抽取 50 个样本，测量其花萼长 x_1、花萼宽 x_2、花瓣长 x_3、花瓣宽 x_4，单位为 cm，数据保存在 fisheriris. mat 中，现有 10 个未知类别的鸢尾花数据。

试把 fisheriris. mat 中的数据作为训练样本，根据贝叶斯判别法对这 10 个数据样品进行判别。10 个未知数据为

$$x = \begin{bmatrix} 5.8 & 2.7 & 1.8 & 0.73 \\ 5.6 & 3.1 & 3.8 & 1.8 \\ 6.1 & 2.5 & 4.7 & 1.1 \\ 6.1 & 2.6 & 5.7 & 1.9 \\ 5.1 & 3.1 & 6.5 & 0.62 \\ 5.8 & 3.7 & 3.9 & 0.13 \\ 5.7 & 2.7 & 1.1 & 0.12 \\ 6.4 & 3.2 & 2.4 & 1.6 \\ 6.7 & 3 & 1.9 & 1.1 \\ 6.8 & 3.5 & 7.9 & 1 \end{bmatrix};$$

其中第 1 列为花萼长 x_1、第 2 列为花萼宽 x_2、第 3 列为花瓣长 x_3、第 4 列为花瓣宽 x_4。

解： 计算过程如下。

1）加载数据：

```
load 'fisheriris.mat'
```

此时 Matlab 工作空间多了两个变量，即 means、species，其中 means 是 150 行、4 列矩阵，对应 150 个已知类别的鸢尾花的 4 个变量的观测数据，species 是 150 行、1 列的字符串数据，依次对应于 150 个鸢尾花所属的类。

2）查看数据：

```
head0 = {'Obj','x1','x2','x3','x4','Class'};
[head0; num2cell([[1:150]',meas]),species]
```

则 means、species 的数据如图 8-11 所示。

3）贝叶斯判别：

```
ObjBayes =ClassificationNaiveBayes.fit(meas,species);
pre0 =ObjBayes.predict(meas);
[CLMat,order] =confusionmat(species,pre0);
[[{'From/To'},order'];order,num2cell(CLMat)]
```

```
ans =

    151×6 cell 数组

    {'Obj'}      {'x1'    }    {'x2'    }    {'x3'    }    {'x4'    }    {'Class'    }
    {[  1]}      {[5.1000]}    {[3.5000]}    {[1.4000]}    {[0.2000]}    {'setosa'   }
    {[  2]}      {[4.9000]}    {[    3]}     {[1.4000]}    {[0.2000]}    {'setosa'   }
    {[  3]}      {[4.7000]}    {[3.2000]}    {[1.3000]}    {[0.2000]}    {'setosa'   }
    {[  4]}      {[4.6000]}    {[3.1000]}    {[1.5000]}    {[0.2000]}    {'setosa'   }
    {[  5]}      {[    5]}     {[3.6000]}    {[1.4000]}    {[0.2000]}    {'setosa'   }
    {[  6]}      {[5.4000]}    {[3.9000]}    {[1.7000]}    {[0.4000]}    {'setosa'   }
    {[  7]}      {[4.6000]}    {[3.4000]}    {[1.4000]}    {[0.3000]}    {'setosa'   }
    {[  8]}      {[    5]}     {[3.4000]}    {[1.5000]}    {[0.2000]}    {'setosa'   }
    {[  9]}      {[4.4000]}    {[2.9000]}    {[1.4000]}    {[0.2000]}    {'setosa'   }
    {[ 10]}      {[4.9000]}    {[3.1000]}    {[1.5000]}    {[0.1000]}    {'setosa'   }
                                        ……
```

图 8-11　means、species 的数据

输入结果如图 8-12 所示。

```
ans =

    4×4 cell 数组

    {'From/To'    }    {'setosa'}    {'versicolor'}    {'virginica'}
    {'setosa'     }    {[    50]}    {[        0]}     {[        0]}
    {'versicolor' }    {[     0]}    {[       47]}     {[        3]}
    {'virginica'  }    {[     0]}    {[        3]}     {[       47]}
```

图 8-12　判别结果

从以上结果可以看出，setosa 类中有 50 个样品得到正确判别，versicolor 类中有 47 个样品得到正确判别，还有 3 个样品被错误判到 virginica 类，而 virginica 类中也有 3 个样品发生了误判，被判到 versicolor 类。可以通过查看 pre0 和 species 的值得到误判样品的编号。

4）查看误判样品编号：

```
gindex1 = grp2idx(pre0);
gindex2 = grp2idx(species);
errid = find(gindex1 ~ = gindex2)
```

误判样品的编号如图 8-13 所示。

5）查看误判样品的误判情况：

```
head1 = {'Obj','From','To'};
[head1; num2cell(errid),species(errid),pre0(errid)]
```

从图 8-13、图 8-14 中可以得到，第 53、71、78、107、120 和 134 号观测值发生了误

判，具体误判情况为：第53、71 和78 号由"versicolor"类误判到"virginica"；第107、120 和134 号由"virginica"类误判到"versicolor"。

6）对未知类别样品进行判别：

```
x = [5.8  2.7  1.8  0.73
     5.6  3.1  3.8  1.8
     6.1  2.5  4.7  1.1
     6.1  2.6  5.7  1.9
     5.1  3.1  6.5  0.62
     5.8  3.7  3.9  0.13
     5.7  2.7  1.1  0.12
     6.4  3.2  2.4  1.6
     6.7  3    1.9  1.1
     6.8  3.5  7.9  1
     ];
pre1 = ObjBayes.predict(x)
```

结果如图 8-15 所示。从结果可以看出，Pre1 各单元数据中的字符串依次列出了各个未判样品被判归的类，如第 1 个样品被判归为 setosa 类，以此类推。

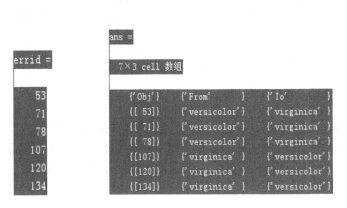

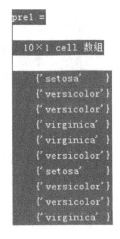

图 8-13　误判　　　　图 8-14　误判的具体分布　　　　图 8-15　未知类别样品
样品的编号　　　　　　　　　　　　　　　　　　　　　　判别结果

例 8.4　对全国 30 个省、直辖市、自治区于 1994 年影响各地区经济增长差异的制度变量：x_1 为经济增长率，x_2 为非国有化水平，x_3 为开放度，x_4 为市场化程度，依据表 8-3 中数据作贝叶斯判别分析。

表 8-3　1994 年影响各地区经济增长差异制度变量数据

类别	序号	地区	x_1	x_2	x_3	x_4
第一组	1	辽宁	11.2	57.25	13.47	73.41
	2	河北	14.9	67.19	7.89	73.09

（续）

类别	序号	地区	x_1	x_2	x_3	x_4
第一组	3	天津	14.3	64.74	19.41	72.33
	4	北京	13.5	55.63	20.59	77.33
	5	山东	16.2	75.51	11.06	72.08
	6	上海	14.3	57.63	22.51	77.35
	7	浙江	20	83.4	15.99	89.5
	8	福建	21.8	68.03	39.42	71.9
	9	广东	19	78.31	83.03	80.75
	10	广西	16	57.11	12.57	60.91
	11	海南	11.9	49.97	30.7	69.2
第二组	12	黑龙江	8.7	30.72	15.41	60.25
	13	吉林	14.3	37.65	12.95	66.42
	14	内蒙古	10.1	34.63	7.68	62.96
	15	山西	9.1	56.33	10.3	66.01
	16	河南	13.8	65.23	4.69	64.24
	17	湖北	15.3	55.62	6.06	54.74
	18	湖南	11	55.55	8.02	67.47
	19	江西	18	62.85	6.4	58.83
	20	甘肃	10.4	30.01	4.61	60.26
	21	宁夏	8.2	29.28	6.11	50.71
	22	四川	11.4	62.88	5.31	61.49
	23	云南	11.6	28.57	9.08	68.47
	24	贵州	84	30.23	6.03	55.55
	25	青海	8.2	15.96	8.04	40.26
	26	新疆	10.9	24.75	8.34	46.01
	27	西藏	15.6	21.44	28.62	46.01
待判样品	28	江苏	16.5	80.05	8.81	73.04
	29	安徽	20.6	81.24	5.37	60.43
	30	陕西	8.6	42.06	8.88	56.37

解：求均值及协方差的逆的估计值的程序如下：

```
X1 =[11.2 57.25 13.47 73.41;14.9 67.19 7.89 73.09;14.3 64.74 19.41 72.33;...
    13.5 55.63 20.59 77.33;16.2 75.51 11.06 72.08;14.3 57.63 22.51 77.35;...
    20 83.4 15.99 89.5;21.8 68.03 39.42 71.9;19 78.31 83.03 80.75;...
    16 57.11 12.57 60.91;11.9 49.97 30.7 69.2];
X2 =[8.7 30.72 15.41 60.25;14.3 37.65 12.95 66.42;10.1 34.63 7.68 62.96;...
    9.1 56.33 10.3 66.01;13.8 65.23 4.69 64.24;15.3 55.62 6.06 54.74;...
```

```
    11 55.55 8.02 67.47;18 62.85 6.4 58.83;10.4 30.01 4.61 60.26;...
    8.2 29.28 6.11 50.71;11.4 62.88 5.31 61.49;11.6 28.57 9.08 68.47;...
    84 30.23 6.03 55.55;8.2 15.96 8.04 40.26;10.9 24.75 8.34 46.01;...
    15.6 21.44 28.62 46.01];
X3 = [16.5 80.05 8.81 73.04;20.6 81.24 5.37 60.43;8.6 42.06 8.88 56.37];
[n p] = size(X1);
[m p] = size(X2);
i = 1:1:n;
x1junzhi = (1/n) * sum(X1(i,:));
j = 1:1:m;
x2junzhi = (1/m) * sum(X2(j,:));
S1 = cov(X1);
S2 = cov(X2);
sigamani = (((n-1) * S1 + (m-1) * S2)/(n +m-2))^(-1)
x1junzhi = x1junzhi'
x2junzhi = x2junzhi'
```

输出结果如下：

```
sigamani =
    0.0049    0.0001   -0.0001    0.0001
    0.0001    0.0071    0.0002   -0.0075
   -0.0001    0.0002    0.0050   -0.0009
    0.0001   -0.0075   -0.0009    0.0235
x1junzhi =
   15.7364
   64.9791
   25.1491
   74.3500
x2junzhi =
   16.2875
   40.1063
    9.2281
   58.1050
```

接着计算判别函数：根据 $f = \ln q_g - \dfrac{1}{2}\mu^{g\prime}\Sigma^{-1}\mu^g + X'\Sigma^{-1}\mu^g \quad g = 1,\ 2$

$$\ln q_1 = \ln \frac{11}{27} \approx -0.89794$$

$$\ln q_2 = \ln \frac{16}{27} \approx -0.52325$$

$$f_1 = -45.8655 + 0.0896x_1 - 0.0849x_2 + 0.0715x_3 + 1.2406x_4$$
$$f_2 = -29.1344 + 0.0897x_1 - 0.1443x_2 + 0.0008x_3 + 1.0591x_4$$

　　按照判别原则，若 $f_1 > f_2$，则属于第一组；若 $f_1 < f_2$，则属于第二组。回判具体代码如下：

```
A = sigamani * x1junzhi;
B = sigamani * x2junzhi;
C = zeros(27,2);
C(:,1) = [1:1:27];
for i = 1:1:11
    f1 = X1(i,:) * A-45.8655;
    f2 = X1(i,:) * B-29.1344;
    if f1 > f2
        C(i,2) = 1;
    else
        C(i,2) = 2;
    end
end
for i = 1:1:16
    f1 = X2(i,:) * A-45.8655;
    f2 = X2(i,:) * B-29.1344;
    if f1 > f2
        C(i +11,2) = 1;
    else
        C(i +11,2) = 2;
    end
end
C
```

输出结果

```
C =
    1    1
    2    1
    3    1
    4    1
    5    1
    6    1
    7    1
    8    1
    9    1
   10    2
   11    1
   12    2
```

8.4　使用 Classification Learner App 实现分类

```
    13    2
    14    2
    15    2
    16    2
    17    2
    18    2
    19    2
    20    2
    21    2
    22    2
    23    2
    24    2
    25    2
    26    2
    27    2
```

误判率为 $\dfrac{1}{27} \times 100\% \approx 3.7\%$，很小，所以判别有效，最后对待判样品进行判别：

```
D = zeros(3,2);
D(:,1) = [28:1:30];
for j = 1:1:3
      f1 = X3(j,:) * A-45.8655;
      f2 = X3(j,:) * B-29.1344;
      if f1 > f2
            D(j,2) = 1;
      else
            D(j,2) = 2;
      end
end
D
```

输出结果为：

```
D =
    28    1
    29    2
 30    2
```

8.4 使用 Classification Learner App 实现分类

在 Matlab 中可以使用 Classification Learner 来训练模型以对数据进行分类。使用此应用程序，可以使用各种分类器探索受监督的机器学习。可以浏览数据，选择功能，指定验证方案，训练模型和评估结果。也可以执行自动化培训以搜索最佳分类模型类型，包括决策树、判别分析、支持向量机、逻辑回归、最近邻居和集合分类。同时，还可以将模型导出到工作区或生成 Matlab 代码以重新创建训练模型。

例 8.5 本节使用 Fisher's iris 数据来展示 Classification Learner App 的使用情况。首先运用分类树算法对 iris 数据进行模型训练。图 8-16 所示是一个简单的分类树。

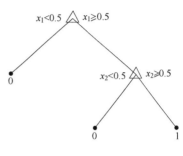

该树基于两个预测变量 x_1 和 x_2 预测分类。要预测，应从顶部节点开始。在每个决策中，检查预测变量的值以决定遵循哪个分支。当分支到达叶节点时，数据被分类为类型 0 或类型 1。

图 8-16 分类树

此例使用 Fisher 的 1936 年虹膜数据。虹膜数据包含花的测量：来自 3 个物种的标本的花瓣长度、花瓣宽度、萼片长度和萼片宽度。训练分类器以基于预测器测量来预测物种。

步骤 1 从 Matlab 中导入 fisheriris.csv 格式数据：

% 模型准备

```
clear;clc;
% 导入数据
fishertable = readtable('fisheriris.csv')
```

步骤 2 在"应用程序"选项卡上的"机器学习"组中，单击"Classification Learner"按钮，如图 8-17 所示。

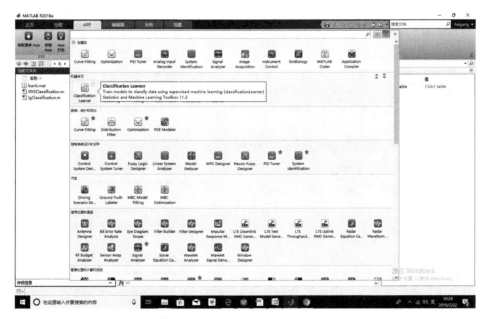

图 8-17 打开 Classification Learner

步骤 3 在 Classification Learner 中单击 按钮，从工作空间列表中选择可 fishertable 的

表，如图 8-18 所示。

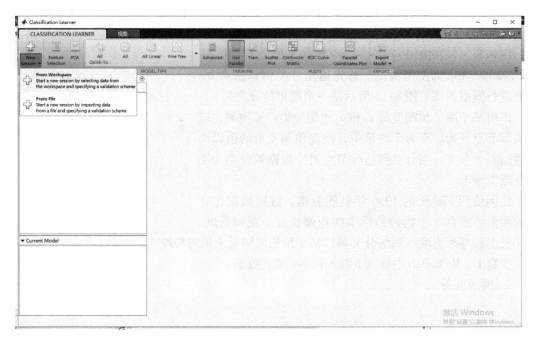

图 8-18　Classification Learner 界面

观察应用程序已根据其数据类型选择了响应和预测变量。花瓣和萼片的长度和宽度是预测因子，species 是想要分类的响应变量（因变量），如图 8-19 所示。

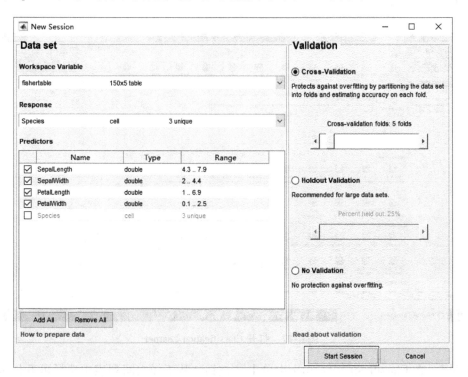

图 8-19　数据界面

步骤 4　接受默认验证方案并继续，单击"Start Session"按钮。默认验证选项是交叉验证，以防止过度拟合，如图 8-20 所示。

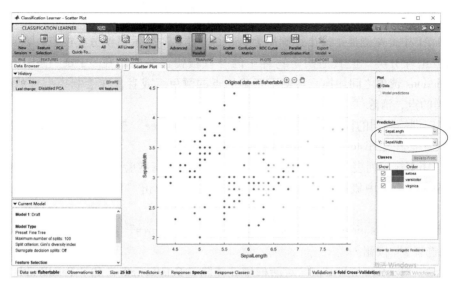

图 8-20　散点图界面

步骤 5　使用散点图来研究哪些变量对预测响应很有用。在 Predictors 下见（图 8-20 中圈记地方）的 X 和 Y 列表中选择不同的选项，以显示物种和测量的分布。观察哪些变量最清楚地区分物种颜色。

观察到所有 4 个预测因子都很容易将其他物种（蓝点）与其他两个物种分开。在所有预测器测量中，versicolor 和 virginica 物种更加接近，尤其在绘制萼片长度和宽度时重叠。setosa 比其他两个物种更容易预测。

步骤 6　要创建分类树模型，应在"Model Type"选项卡的"模型类型"部分中，单击向下箭头以展开库，然后单击"Coarse Tree"按钮，再单击"Train"按钮，如图 8-21 所示。

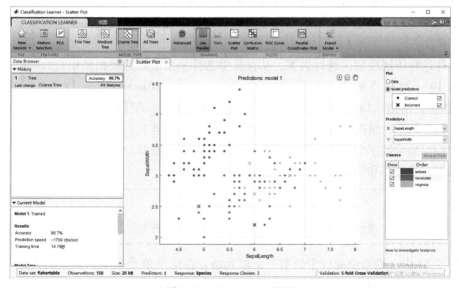

图 8-21　Coarse Tree 界面

注意：
结果中存在一些随机性，因此模型验证分数结果可能与显示的不同。

在图 8-21 中，左侧显示模型正确率为 96.7%。"×"表示错误分类的点。蓝点（setosa物种）都被正确分类，但其他两个物种中的一些被错误分类。在"Plot"下，在 Data 和 Model predictions 选项之间切换。观察不正确的点的颜色。或者，在绘制模型预测时，要仅查看不正确的点，清除"Correct"复选框的勾选。

步骤 7　训练不同的模型进行比较。单击"Medium Tree"按钮，然后单击"Train"按钮。应用程序会在"History"列表中显示新模型。

观察"History"列表中的"Medium Tree"树模型。模型验证分数并不比粗树分数好。该应用程序在一个框中概述了最佳模型的准确度分数。单击"History"列表中的每个模型以查看和比较结果。

步骤 8　在"Classification Learner"选项卡上的"Features"组中，单击"Feature Selection（特征选择）"按钮。

在弹出的"Feature Selection"对话框中，清除"PetalLength"和"PetalWidth"复选框的勾选，以将它们从预测变量中排除，如图 8-22 所示。

观察"历史记录"列表中的第三个模型。它也是一个 Coarse Tree 模型，仅使用 4 个预测变量中的两个进行训练。"History"列表显示排除了多少预测变量。要检查包含哪些预测变量，可单击"History"列表中的模型，然后观察"Feature Selection"对话框中的复选框。仅具有萼片测量的模型具有比仅有花瓣测量的模型低得多的准确度分数（78%）。

图 8-22　特征选择界面

步骤 9　训练另一个模型，仅包括花瓣测量。更改"Feature Selection"对话框中的选项，然后单击"Train（训练）"按钮。

与仅使用花瓣测量相比，包含所有预测因子模型预测不会更好地使用所有测量因子。如果数据收集既昂贵又困难，可能更喜欢没有某些预测因子而表现令人满意的模型。

再选择几种不同模型，进行训练，从得分中选择一个最好的模型使用。

步骤 10　要检查每个类中预测的准确性，应在"Classification Learner"选项卡的"Plots"组中，单击"Confusion Matrix（混淆矩阵）"按钮。使用此图来了解当前所选分类器在每个类中的执行情况。查看真实类和预测类结果的矩阵。

通过检查显示数字大且是红色的对角线上的单元格来查找分类器表现不佳的区域。在这些红细胞中，真实类和预测类不匹配。数据点被错误分类。

注意：
结果中存在一些随机性，因此模型验证分数结果可能与显示的不同。

在图 8-23 中，检查中间行中的第三个单元格。在这个单元格中，真正的类是"versicolor"，但模型将这些点错误地分为 virginica 类。对于此模型，单元格显示 3 个错误分类（您的结果可能会有所不同）。要查看百分比而不是观察次数，应选中右侧"Plots"下的"True Positive Rates"单选按钮。

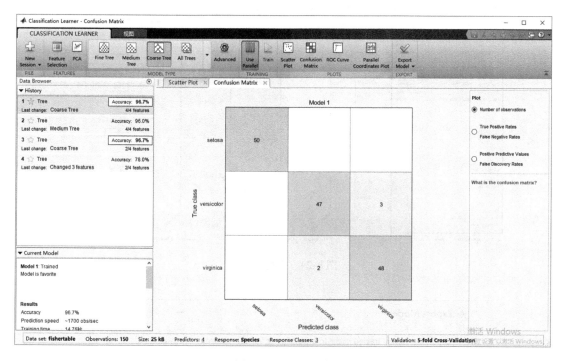

图 8-23　混淆矩阵

可以使用此信息为目标选择最佳模型。如果此类中的误报对分类问题非常重要，那么在预测此类时选择最佳模型。如果此类中的误报不是非常重要，并且具有较少预测变量的模型在其他类中表现更好，则选择模型来权衡某些总体准确度以排除某些预测变量，并使将来的数据收集更容易。

步骤 11　比较"History"列表中每个模型的混淆矩阵。检查"Feature Selection"对话框以查看每个模型中包含的预测变量。

调查要包含或排除的因子，可使用散点图和平行坐标图。在"Classification Learner"选项卡上的"Plots"组中，单击"Parallel Coordinates Plot"按钮，可以看到花瓣长度和花瓣宽度是最佳分类的功能。

步骤 12　要将经过最佳训练的模型导出到工作区，可在"Classification Learner"选项卡上的"Export"组中单击"Export Model"按钮（见图 8-24 画圈部分）。在"Export Model"对话框中，单击"确定"按钮接受默认变量名"trainedModel"，如图 8-25 所示。

在 Matlab 命令窗口中查看有关结果的信息。

步骤 13　要显示决策树（见图 8-26）模型，可输入：view(trainedModel. Classification-Tree,'Mode','graph')。

步骤 14　可以使用导出的分类器对新数据进行预测。例如，要对工作区中的 fishertable 数据进行预测，可输入：yfit = trainedModel. predictFcn（fishertable）；输出 yfit 包含每个数据点的类预测。

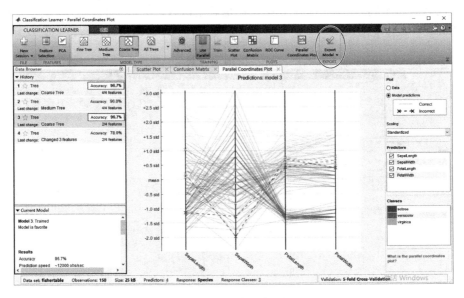

图 8-24　平行坐标图

图 8-25　导出模型到工作空间

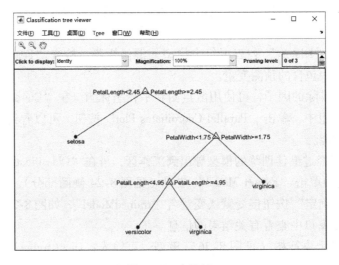

图 8-26　决策树

步骤 15　如果想学习如何以编程方式训练分类器，则可以从应用程序生成代码。要为经过最佳训练的模型生成代码，可在"Classification Learner"选项卡的"Export"组中，单

击 "Export Model"→"Generate Code"。

该应用程序从模型中生成代码，并在 Matlab 编辑器中显示该文件。

步骤16 要尝试可用于数据集的所有分类器模型预设。单击 "Model Type" 组中最右侧的下拉箭头以展开分类器列表。单击 "All" 按钮，然后单击 "Train" 按钮，如图 8-27 所示。

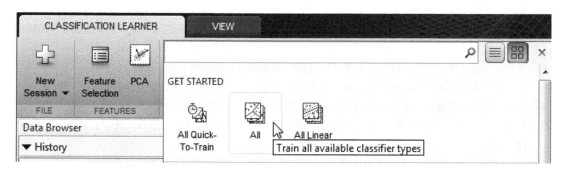

图 8-27   Matlab 所有分类算法

参 考 文 献

［1］哈夫. 统计陷阱［M］. 廖颖林，译. 上海：上海财经大学出版社，2002.

［2］万福永，戴浩晖，潘建瑜. 数学实验教程（Matlab 版）［M］. 北京：科学出版社，2006.

［3］姜启源，邢文训，谢金星，等. 大学数学实验［M］. 北京：清华大学出版社，2005.

［4］卓金武，周英. 量化投资——数据挖掘技术与实践（Matlab 版）［M］. 北京：电子工业出版社，2015.

［5］盛骤，谢式千，潘承毅. 概率论与数理统计［M］. 北京：高等教育出版社，2008.

［6］姜启源，谢金星，叶俊. 数学模型［M］. 4 版. 北京：高等教育出版社，2012.

［7］谢中华. Matlab 统计分析与应用：40 个案例分析［M］. 北京：北京航空航天大学出版社，2010.

［8］李舰，肖凯. 数据科学中的 R 语言［M］. 西安：西安交通大学出版社，2015.

［9］朱梅尔，芒特. 数据科学：理论、方法与 R 语言实现［M］. 于戈，等译. 北京：机械工业出版社，2016.

［10］张良均，杨坦，肖刚，等. Matlab 数据分析与挖掘实践［M］. 北京：机械工业出版社，2015.